優渥叢書

優渥叢書

優渥叢書

# 所有人都在問 如何在網路上做生意

從淘寶、創新工場、阿里巴巴，
為你收集商業菁英開市熱銷所有獨門絕招！

李翔◎著

CONTENTS

# 目錄

STRATEGY
25

CONTENTS

STRATEGY
25

# 成功創業家，<br>為什麼和你想得不一樣？

卓群顧問有限公司首席顧問　陳其華

網路生意是近十幾年來最夯的商業趨勢，也是未來會不斷持續成長茁壯的大趨勢。本書藉由淘寶、正和島、綠城與創新工場等真實案例，從不同的經營角度來剖析網路做生意的賺錢思維，尤其是這些領導人的思維。

大環境景氣好的時候，市場有規模且能高成長，加上較低的資金取得成本，會造成網路創業容易的興盛假象。我們常在媒體看到不少知名網路企業的大成功案例，但其實可能有更多的失敗或陷入泥沼的創業者，來支撐這些成功。有好技術與好創意，要做到小成功不難。但要從網路小生意，堅持到具影響力與規模的網路事業，那就很不容易了。

**知名成功創業家的物慾，大多比你想像中低，方能專注在客戶、市場與企業營運建構上，享受不斷挑戰成功的傲人成就**。這些人堅持走跟別人不一樣的路，清楚知道自己要什麼，並不急功近利。他們有自己的經營哲學，不但是有深度的思考家，更都是落地的實踐家。

「創業者的本能，是置之死地而後生」，這樣的創業家精神最可貴，而且**破釜沈舟的心理韌性近乎本能，而不只是商業觀念與知識。**

「戰略是幹出來的」，別以為戰略只是企劃思考。創業家不能只是思想家與規劃家，戰略的價值是實踐出來的，**真正厲害的網路創業家在經營事業時，絕不是只有虛擬世界的幻想，反而非常腳踏實地。**

「事情可以複雜，但人要簡單」，這句話說得真好。網路多為創新商業模式，加上科技與市場端的主要 Player 多，工作繁瑣又複雜。**一定要把人的變數簡化，才能更聚焦目標與價值。**

「孤獨的堅持」，很多知名創業家在創業初期，因為走在最前端的創新思考，而不被多數人認同，甚至還被潑不少冷水。**這種孤獨中的堅持，也是對創業者心性的大挑戰。**

至於這些話究竟是哪個創業者說的，請讀者們自己好好把這本書看完，就知道答案囉。這是一本值得用心閱讀思考的好書，本人樂於推薦給已經創業或正在往創業路上前進的你！

NOTE

/ / /

“

**專注和簡單一直是我的秘訣之一。簡單可能比複雜更難做到：你必須努力理清思路，才能使其變得簡單。但最終這是值得的，因為一旦做到，便可以創造奇跡。**

——賈伯斯（美國蘋果公司聯合創始人）

”

Chapter 1

AI 時代企業　阿里巴巴

# 為何 B2C 最重要的是商家，而不是用戶及流量？

**他如何克服「創新者的窘境」？**

為了拓展 B2C 市場，淘寶網開始重視 B2C 的商城業務，但並不順利，因為淘寶太大，大家都不把重心放在這上面。張勇不願放棄這塊市場，於是親自去管，4 個月內就讓原先被解散的商城事業部重新獨立營運。

**為何創造世界最大的購物狂歡節？**

張勇發起雙十一的目的：「當時是淘寶商城誕生第二年，我們想透過活動或事件，讓消費者記住這個品牌。」選定 11 月 11 日則是因為這一天處在十一國慶和聖誕節之間，是理想的促銷時間點。第二屆雙十一即創下 9.36 億人民幣的業績，之後還年年攀升！

**遇到重大危機，該如何處理？**

張勇為了區分商城與淘寶網，宣布提高入駐商家門檻，被外界解讀為淘寶商城要拋棄小商家，引發組織攻擊行為。為了扭轉情勢，團隊決定把雙十一從「光棍節」變成「網購狂歡節」，這項大膽的創意讓雙十一成交額上升到 52 億元，其中淘寶商城貢獻 33.6 億元。

**如何做好大事又兼顧小細節？**

張勇喜歡刨根問底，仔細詢問細節，這是因為他後來管的越來越多，希望能瞭解部屬工作的根基夠不夠結實。他檢查部屬的工作時，習慣仔細詢問三個細節。如果三次都有問題，在他看來這件事肯定沒有準備好，會有很大的瑕疵，需要重新去弄。如果三次都順利過關，則表示準備得很充分。

## 發展都夠好了，為何還不滿足？

張勇重視企業的整體發展，即使績效已經達成當年度目標，仍不因此而滿足。當時在淘系電商中，非標品是最強的，但對 B2C 電商而言，標品往往占據整個銷售額的絕大比例。因此在績效已經夠好的情況下，他仍然鍥而不捨地持續調整業務結構。

## 不僅重視用戶與流量，也重視商家！

張勇喜歡與商家互動，瞭解商家的想法，過程中會不停地問問題。除了公司本身的規模，張勇能夠贏得涉足電子商務的傳統行業商家支持，有個原因是他總是反覆強調電子商務應該是公司的整體戰略，而不是電子商務部門的戰略。他不僅要求合作的商家徹底改變，甚至會主動詢問是否需要由他出面與企業主溝通。

# 1-1 還在故步自封？這年頭得撈過界做好能做的事，才會贏！

“

李翔按

張勇在阿里巴巴可謂戰功累累。

他在 2007 年 8 月加入淘寶，擔任 CFO，但是在那之後就沒有扮演過典型的 CFO 角色，而是越來越深入介入業務。他扶植淘品牌、接手淘寶商城，出任首任天貓總裁，做大阿里巴巴的 B2C 電商。接下來，成為集團 COO，後又接替第二任 CEO 陸兆禧，成為阿里巴巴集團第三任 CEO。當然，在這個過程中，他還創辦了已經成為全民購物狂歡節的「雙十一」。

可能是因為 CFO 出身，張勇的風格偏冷靜和理性，講話邏輯性極強。有一次他開玩笑說：「馬雲負責天馬行空，我負責腳踏實地。」

在他擔任阿里巴巴 CEO 一年多後，我跟他又聊過一次，而那次的感覺跟先前接觸時有了變化。他在回答一些刁鑽的問題時更加放鬆，更願意展露出自己的大局觀，也不避諱對一些敏感問題作出判斷，並且適時地開個玩笑。他在做到這種高度的職位後，仍然以如此快的速度在成長，這件事讓我相當意外。

”

對那個被戲稱為「當上 CEO，走上人生巔峰」的瞬間，「逍遙子」（註 1）張勇的記憶相當模糊。為了配合訪問者，他開始努力回憶，但仍然感覺一無所獲。

「時間我真的記不清楚，但肯定不是 5 月 6 日，應該提前了一段時間，這事相當重大，所以肯定要有合理的過渡期。場景好像在公司，但具體在哪裡我也忘記了。我和他（馬雲）兩個人單獨聊天時，正好聊到這個。當時肯定不是把我叫過去專門說這件事，反正就是順其自然地知道了。」

張勇一貫以嚴謹而邏輯嚴密著稱，在過往的談話中，從沒有出現過這麼多表達不確定的「好像」：

「他（馬雲）跟你講這事的時候，有說什麼對你的期待之類的話嗎？」

「好像沒有。」

「你有沒有做一些跟以往不同的事？」

「好像真沒有。」

「通常大家希望這個過程比較像個儀式，但實際上真沒有什麼儀式感。」坐在自己的辦公桌前，張勇這樣說。他的辦公室在阿里巴巴集團西溪總部園區 3 號樓的 6 層，這裡是這家中國最大網路公司的大腦地帶。從現任 CEO 張勇到包括陸兆禧、彭蕾、邵曉峰、王帥等集團高管的辦公室一字排開，只要在這一層樓停留足夠長時間，就能看到這些中國網路世界最尖端人士在其中出入。

在他們辦公室的對面，是高管支援團隊的辦公區，以及一間間的會議室，包括多次出現在阿里巴巴相關報導中的「光明頂」（註 2）。

按照張勇的說法，他平靜地度過從被馬雲告知將出任這家全世界最大網路公司之一的 CEO，到 5 月 6 日阿里巴巴集團董事會通過這項任命之間的時間，彷彿什麼事情都沒有發生過。但是，他知道自己會再一次被改變。

後來，他用一貫寵辱不驚的平靜語調開個玩笑：「我的反應還算平靜。他（馬雲）講過，做 CEO 需要做好下地獄的打算，是個苦活。所以他把我推下地獄。」

陸兆禧則在來往（註 3）上發送一條訊息給張勇，表示對他有信心，相信這位新任 CEO 能做得比自己好。

2015 年的 5 月 7 日，阿里巴巴集團發出馬雲的公開信，宣佈：「自 2015 年 5 月 10 日起，陸兆禧將卸任阿里巴巴集團 CEO 一職，出任集團董事會副主席，……接任陸兆禧，擔任阿里巴巴集團第三任 CEO 的是 1972 年出生，在阿里巴巴工作 8 年的張勇（逍遙子）。」

這是整個 CEO 變更過程中唯一的儀式，完全不同於 2 年之前，馬雲宣佈將 CEO 職務移交給陸兆禧時的場景。2013 年的 5 月 10 日，在杭州的黃龍體育場，包括阿里巴巴的員工、上百名媒體記者和馬雲請來的商界好友，一起見證馬雲和陸兆禧的職務交接，聽這位演講大師說：「我相信，也懇請所有人像支持我一樣，支持新的團隊與陸兆禧，並像信任我一樣信任新團隊與陸兆禧。」

無論如何，張勇這位原先被視為「職業經理人」氣息濃厚的高管，在阿里巴巴度過 8 年職業生涯後，成為這家公認具有強勢文化網路公司的 CEO。連馬雲自己都說：「說來慚愧，我以前經常說，天不怕地不怕，就怕 CFO 做 CEO（註 4），但逍遙子是 CFO 出身。」

註 1：阿里巴巴內部管理的特色之一，要求每位員工在到職時取一個在工作時使用的「花名」，大多取自武俠小說，藉此提升員工對公司的認同感與凝聚力。

註 2：阿里巴巴將公司內部的設施都以金庸武俠小說的風格命名，大樓內最大的會議室便命名為光明頂。

註 3：阿里巴巴集團於 2013 年推出的社交平台，現已改名「點點蟲」。

註 4：這段話的理由是，CFO 的職務內容是檢查、控制財務，所以 CFO 出身的 CEO 可能會缺乏遠見。

# 1-2 太太常在淘寶買東西，竟讓他因此跳槽電商業

2007 年 8 月之前，張勇還不是逍遙子。

他原本是盛大網絡的副總裁和 CFO，當時盛大網絡的創始人陳天橋和總裁唐駿，都是中國商業世界炙手可熱的人物。陳天橋在 31 歲時就被《富比士》雜誌評選為中國首富（馬雲在 2014 年阿里巴巴集團於美國整體上市後，才一度成為中國首富，不過他不只一次表示自己並不在乎「首富」的頭銜，以及自己究竟擁有多少財富）。2004 年從微軟中國區總裁位置離職加入盛大的唐駿，則被媒體稱為中國的第一職業經理人。

這一年夏天，張勇在香港出差時接到獵頭公司的電話：「有個公司叫阿里巴巴，你願不願意瞭解一下？」這家獵頭公司專注於服務四大會計師事務所員工和離職員工，曾經任職於安達信和普華永道的張勇自然在他們的名單上，而阿里巴巴正在為它的急速擴張找尋人才。

1 年前，阿里巴巴剛把百安居（註 5）中國區總裁衛哲挖過來，出任 B2B 業務的總裁。後來王石（註 6）在接

受採訪時，還曾對此表示驚歎：「衛哲在百安居時一直和我們有業務合作。我很納悶，IT 公司為什麼從傳統行業挖人？對馬雲，最起碼我瞭解他在用人上別具一格，這給我們的震撼非常大。」當然，當時誰也沒有想到，5 年後衛哲離開的方式更加震動人心（註 7）。

張勇知道阿里巴巴是一家正在迅速增長的電子商務巨頭，而且他不可能沒聽說過，阿里巴巴集團的 B2B 業務正在謀求當年晚些時候獨立上市。在他表達肯定的意向後，獵頭繼續說：「如果有空的話，他們的 CFO 約你明天早上在香港文華東方酒店吃早飯。」

於是，張勇在香港第一次見到當時阿里巴巴集團的 CFO 蔡崇信。

蔡崇信在 1999 年 5 月第一次見到馬雲，隨後辭去自己在瑞典投資公司 InvestorAB 的工作，加入阿里巴巴。這是阿里巴巴歷史上的一個傳奇故事。一個出身律師世家、畢業於耶魯大學、年薪數百萬美元的典型精英人物，竟然願意領取月薪 500 元人民幣，加入一家創業公司。

阿里巴巴的第二任 CEO 陸兆禧則在 2000 年，隨著一次併購進入公司。儘管阿里巴巴後來四處出擊的併購行為讓人驚歎，但當年那是這家公司的第一次併購。陸兆禧是被併購的網路傳真公司的廣州代理，在阿里巴巴集團的第一份工作是廣州大區銷售經理。後來陸兆禧歷任集團當時所有核心業務，包括支付寶、淘寶和 B2B 等業務的總裁，成為阿里巴巴內部著名的勵志故事。

現在，輪到蔡崇信將阿里巴巴集團的第三任 CEO 雇傭到公司。

對於這名後來成為阿里巴巴傳奇人物的首任 CFO，以及自己在阿里巴巴的第一個老闆，張勇說：「Joe（註8）給我的感覺是溫文爾雅，很紳士、講道理的人。」

他們肯定相談甚歡，於是張勇週五在香港文華東方酒店吃完早餐後，回到上海的下個週二，就買好從上海到杭州的火車票，1 天之內見了馬雲、當時的淘寶網總裁孫彤宇，以及當時的阿里巴巴 CHO（首席人才官）、後來的螞蟻金服 CEO 彭蕾。

儘管張勇表示「已經記不清楚」面談時聊些什麼，但是他見到的這些人當中，馬雲是中國商業世界最有個人魅力的商人之一，彭蕾以她的溝通能力和對人的同理心知名，孫彤宇則曾被視為極為出色的阿里巴巴領導者。

「上海人通常都不願意離開上海。我接到過很多機會，有些公司找我去做 CFO 或 VP（副總裁），一般我都說不。唯獨這次例外，我覺得淘寶很新奇，電子商務應該是未來趨勢，所以就考慮了一下。」張勇回憶說。

他跟妻子商量，因為這不光是換一份工作那麼簡單，如果他答應去阿里巴巴工作，就必須搬到杭州。結果出乎意料，妻子對阿里巴巴和淘寶反而比他還要熟悉，原因是她經常逛淘寶並在上面買東西。**這就是一個有魅力的公司**

**品牌對人才的號召力，如同惠普、蘋果、Google、臉書擁有的魅力。**

8 年之後，當他再次跟妻子說，他要做阿里巴巴集團 CEO 時，妻子顯得很平靜。「沒什麼反應，她說也挺好的，那就做唄。」張勇笑著說：「反正也沒辦法說不要做，對不對？」

「當時是 8 月初，我答應之後，跟天橋（盛大創始人陳天橋）進行溝通，承諾幫他做完那個季度的業績發佈，然後再到這邊來。」張勇回憶說。

2007 年 8 月 28 日，盛大公佈截至 2007 年 6 月 30 日的第二季度未審計財務報告，同時宣佈自 2007 年 8 月 29 日起，副總裁兼 CFO 張勇辭去在盛大的職務，由總裁唐駿代理 CFO 職務。

2007 年 8 月 30 日，張勇到杭州上班，出任淘寶網 CFO。當時，這被視為淘寶網單獨分拆上市的準備和前兆。他為自己挑選「逍遙子」這個花名，同時搬到杭州一處喜來登酒店。在此之後 8 年時間中，他成為這家酒店的長期住客，週末才返回上海。

「你會發現在工作狀態下，住酒店其實是最容易的一種方式。有人幫忙洗衣服、收拾房間，晚上餓了有宵夜，有健身房、游泳池，也不用繳水電費、電話費。這幾年下來，酒店上下沒有人不認識我。」張勇說。

這一年的 11 月 6 日，阿里巴巴 B2B 在香港聯交所成功掛牌，股票代碼1688。上市當天，阿里巴巴市值達到260億美元，超過新浪、搜狐、網易、盛大和攜程市值的總和。在全球範圍內，它是僅次於Google、eBay、雅虎和亞馬遜的第五大網路公司。

註5：即台灣人熟知的特力屋（B&Q集團）在中國的品牌名稱。

註6：中國最大專業住宅開發企業「萬科集團」的創始人。

註7：2011年2月，由於發現部分B2B中國供應商簽約客戶有詐欺嫌疑，且內部銷售團隊的部分員工涉嫌參與其中，於是阿里巴巴為維護「客戶第一」的價值觀及誠信原則，清理逾千名涉嫌詐欺的供應商客戶，而CEO衛哲、COO李旭暉也引咎辭職。

註8：蔡崇信的英文名字，他是集團內少數沒有使用花名的人。

## 1-3 預見未來科技趨勢，讓他決心咬牙挑下 B2C 重擔

後來張勇總會被問到，在盛大工作時的感受和在阿里巴巴有何不同。畢竟，這兩家公司在中國網路世界都備受關注。陳天橋和馬雲一樣，都是商業世界裡標誌性的人物，讓人產生無限好奇。

張勇的答案是「很不一樣」。但對他而言，這其中的不同，很大一部分是來自他自己職業的轉變。

張勇說：「在盛大我更偏向於典型意義上的 CFO，工作內容大多是財務上的事項，包括處理投資和投資者關係。但在阿里巴巴，角色就不一樣了。我其實從 2008 年開始就慢慢地管起業務。」

**「這個角色的變化也體現出兩家公司的不同。阿里更富多樣性，並沒有嚴格規定 CFO 該做什麼。在別的公司，像我這樣的人是不可能做業務的。」**這種差異性連商家也能感覺得到。

旗下擁有瑞士軍刀威格，及多個國際箱包品牌代理權的 UTC 行家電子商務事業部總經理曹軼甯，第一次聽到

逍遙子這個名字，是某次同事驚慌地告知他：「有一個叫逍遙子的人，警告說要把 UTC 行家在淘寶商城上的店關掉。」當時 UTC 行家剛開始做電子商務，因對淘寶規則不熟悉而遭到警告。

曹軼寧大吃一驚，忙問逍遙子是誰，憑什麼要關我們的店？同事回答：「逍遙子是淘寶的 CFO。」這令他更加吃驚：「淘寶的 CFO 還管這個？」

張勇以 CFO 的職稱進入淘寶網，曾經有一段時間兼任淘寶的 COO。但是在阿里巴巴的 8 年時間裡，他花費更多心力管阿里巴巴的 B2C 業務，先後和淘寶商城及天貓聯繫在一起。

馬雲和 18 羅漢創立阿里巴巴時，公司的主要業務是 B2B。這家公司搭建一個網路平臺，幫助中國的製造業企業將產品展示和銷售給海外的買家。2003 年時，馬雲和他的團隊受到 eBay 的觸動，決定成立一家 C2C 公司淘寶。2003 年的 3 月，eBay 透過以 3000 萬美元收購易趣網（註 9）33% 股份的方式進入中國。當年 4 月，馬雲開始組建團隊秘密籌備 C2C 專案。

馬雲後來回憶：「如果我不採取任何行動，3 ～ 5 年後等到 eBay 進入 B2B 市場，它的錢比我們多，資源比我們多，全球品牌比我們強，到那時對阿里巴巴來說，就是一場災難。」

淘寶擊敗 eBay，成為中國市場最大的 C2C 電子商務公司。2006 年時，馬雲宣佈與 eBay 的大戰結束，淘寶網已經占據超過 70% 的市場占有率。隨後淘寶網的優勢還在繼續擴大，而 eBay 低調地退出中國電子商務市場。但是另一家電子商務巨頭在中國的佈局卻被忽視了，2004 年 8 月 19 日，亞馬遜宣佈 7500 萬美元收購卓越網（註 10），這家 B2C 電子商務巨頭正式進入中國。同年，一直在中關村銷售電子產品的劉強東，開始進入電子商務領域。京東商城（註 11）如今已成為一家市值超過 450 億美元的電子商務巨頭。

阿里巴巴在電子商務 B2B 和 C2C 的市場，建立起絕對的統治地位。B2C 的市場被這個中國電子商務巨頭暫時忽略，因而成為 2004 年後電子商務創業熱潮最集中的地帶，誕生包括京東、唯品會（註 12）、聚美優品（註 13）、一號店（註 14）等公司。

2006 年，在張勇進入阿里巴巴前，幾位公司高層（包括當時的淘寶總裁孫彤宇，和負責公司戰略的資深副總裁曾鳴等人）在淘寶戰略會議上提出：「我們判斷未來的發展，B2C 市場會逐漸擴大。」隨後淘寶推出一個新項目「品牌商城」。2007 年，淘寶網將整個網站營運分為三個業務部門：二手、集市和商城。時任淘寶網總裁助理，後來擔任過天貓總裁的王煜磊（花名「喬峰」）畫下了這張業務圖。

不過，淘寶在 B2C 上的努力卻是一波三折。2008 年

4 月，淘寶網成立獨立營運的商城事業部，由當時的淘寶網副總裁黃若負責。但是，僅在 6 個月後，商城事業部就被解散，重新併入淘寶，期間還伴隨著淘寶網自身的人事變動。

2008 年 3 月，淘寶網總裁孫彤宇離開淘寶，黃若也在年底離開。接替孫彤宇擔任淘寶總裁職務的，正是後來成為阿里巴巴第二任 CEO 的陸兆禧。在此之前，陸兆禧是支付寶的總裁。看上去不苟言笑的陸兆禧成為形象古靈精怪的淘寶網總裁，而淘寶 B2C 業務則落到原本是淘寶網 CFO 的張勇肩頭。

張勇回憶：「商城在 2008 年 4 月份成立，但到年底時其實並不順利。由於原來的領導者離職，下面的團隊也很容易散掉，只剩下 20 多人。」當時張勇還兼任淘寶網的 COO，兩個向他彙報的總監分別負責淘寶商城的招商和營運，但是他認為：第一，這樣分肯定做不好；第二，淘寶太大，大家都不把重心放在這上面。

**當時這家公司正在經歷典型的「創新者的窘境」，也就是原有業務的成功正在阻礙新業務的生長，因為原有業務吸引了絕大多數的人才、資源和注意力。**

張勇講了一句話：「既然爹媽（兩個直接負責的總監）都不心疼，那就只能爺爺（越級負責的 COO）自己幹了。」他決定直接來管這塊處在困境中的 B2C 業務。

後來逍遙子張勇主動請纓來做淘寶商城的事，很快就在公司內和入駐淘寶商城的商家中流傳開來。張勇說：「當時我去做商城的原因很簡單，不是我想做，而是不能看著它死掉。**我覺得這個業務不能死掉，因為我堅信 B2C 是未來的大趨勢，是阿里巴巴不能失去的一塊。沒人管，那我就自己去管。**」

他在 2009 年的 3 月接手淘寶商城，4 個月後，商城事業部重新恢復獨立營運。

在這一年，張勇「發明」了「雙十一」。雙十一後來幾乎成為阿里巴巴內部全年度最重要的事件，公關部每年都會邀請數百名記者前來見證銷售奇跡，馬雲本人也會邀請各界好友共同參與。不僅如此，這一天還是所有電子商務公司和眾多線下商場都會參與的購物節日。

但第一年的雙十一，張勇發起的目的其實十分樸素：「當時是淘寶商城誕生的第二年，很多消費者不知道這個品牌，因此我們想透過活動或事件，讓消費者記住『淘寶商城』。」他和同事一起選定 11 月 11 日作為活動的時間，原因是這一天處在十一國慶和聖誕節之間，是理想的促銷時間點。

雖然張勇後來擔任歷屆雙十一的總指揮，但在首次雙十一當天，他人甚至沒有留在杭州，而是飛到北京出差。那一年雙十一淘寶平臺的成交額是 5200 萬人民幣。

註 9：中國的電子商務公司，2002 年與 eBay 結盟後，迅速發展成中國最大的線上交易社區。

註 10：主營影音、圖書、軟體、遊戲、禮品等流行時尚文化產品，當時是中國極具影響力的電子商務網站。

註 11：原名 360buy，是一家以 B2C 模式為主的中國購物網站。

註 12：以銷售服裝、化妝品為主的中國電商網站，兼營小家電、玩具和日用品等多種商品的銷售。

註 13：原名團美網，是模仿全球最大團購網 Groupon 的中國化妝品團購網站。

註 14：中國網路購物公司，開創中國網路超市的先河，2015 年由沃爾瑪集團收購後，又於 2016 年轉售給京東。

# 1-4 為何遊戲軟體「免費玩」，卻讓營收連續 6 季超預期增長？

在 2005 年下半年的某天，陳天橋突然把包括張勇在內的團隊叫過去開會。陳天橋對他說：「張勇，你去算一算，如果《傳奇》免費，我們的收入會下降多少？」

這是個讓人吃驚的問題。從 2001 年 11 月 28 日開始營運的《熱血傳奇》是盛大最受歡迎的遊戲之一，正是這款遊戲的成功，將盛大推向當時中國網路公司中「線上娛樂之王」的地位。它讓盛大在 2004 年登陸納斯達克，也讓陳天橋在 31 歲時就成為中國大陸首富。

這款遊戲在上線營運的第 4 年，已經老化進入衰退期，但在宣佈免費之前，仍然為整間公司創造 35% 的收入，達到 1.55 億人民幣（2005 年第三季度）。

「當時所有人都反對，這還得了！免費不就沒錢了嗎？！」張勇回憶：**「這就是創業者的本能，置之死地而後生。眼看著遊戲的收入每個月都在下降，還不如換一種模式，也許能夠重生。」**

陳天橋力排眾議。2005 年 11 月 28 日，盛大宣佈旗下包括《熱血傳奇》在內的 3 款遊戲免費營運，不再依靠出售遊戲點卡按時長收費，而是透過為玩家提供加值服務來獲取收入。**盛大的這個舉動將中國網遊帶入免費時代，網路遊戲公司的商業模式因免費戰略而重塑，轉而靠為玩家提供加值服務來獲利。**

張勇說：「結果賭對了，盛大遊戲又煥發第二春。從那以後到我離開，盛大連續 6 個季度超預期增長。當時我是團隊的一員，很欽佩他的膽識。這就是最鮮活的經歷，發生在身邊，自己又是其中的一部分。你能感覺到這種創業者需要的勇氣和堅持。」

張勇對這件事情印象深刻。他出任 CEO 後，在 7 月 1 日與一些內部的年輕總監交流，在被問到「做業務最重要的素質是什麼」時，他想起這段在盛大經歷的故事，以及開始做淘寶商城後的經歷。**他回答說，最重要的素質是「孤獨的堅持」。**

在主動請纓去做淘寶商城之後，他很快就遇到這種孤獨堅持的時刻。「我一直堅持著，也有孤獨的時刻。但是有的東西隨著時間推移，當真的看到價值時，大家也會認可。」張勇後來說。

2010 年是國內 B2C 電商狂飆突進的一年。早在這一年的年初，劉強東就放言京東全年銷售額將突破 100 億元，到 2011 年初公佈全年數字，京東 2010 年的銷售額是 102 億元，凡客（註 15）在這一年賣出價值 12 億元的襯衫、牛仔褲和帆布鞋，兩家公司的增長率分別達到 300% 和 400%。投資人也為之瘋狂，京東和凡客都號稱自己的估值已經超過 10 億美元，而他們的最新融資額都以億美元為計算單位。在這一年年底，老牌 B2C 電商公司當當網（註 16）在紐約證券交易所公開上市。上市之後，公司創始人李國慶認為投資銀行給自己公司股票定價過低，還在微博上大發牢騷。

B2C 業務在阿里巴巴內部的重要性也在增加，淘寶的商城業務已經不再是張勇主動請纓接手前的黯然境況。雖然相對於 2009 年度，整個淘寶交易平臺 2000 億的交易額，淘寶商城仍然是個新生之子，第一屆雙十一也只創造 5200 萬的銷售額，但在 2010 年初，連馬雲都說要給淘寶商城一個獨立地位。

到了 2010 年 11 月，淘寶商城域名獨立。按照 2011 年初艾瑞諮詢公佈的資料，淘寶商城在 2010 年的全年銷售額為 300 億人民幣，領先其他 B2C 電商。但同一年度，整個淘寶交易平臺的成交額已達到 4000 億人民幣，商城在其中所占比例不到十分之一。

這一年的 11 月 11 日，張勇在杭州指揮商城的第二次雙十一。這一次的單日交易額達到 9.36 億元，相當於每秒成交 1 萬元。當日 12 點過後，他和同事都看到這個數字。儘管與今天我們看到的雙十一數字相比，9.36 億顯得並不龐大，但相對於 2009 年，這已是巨大的進步。

當商城的同事開始在辦公室內慶功時，張勇卻沒有加入這個狂歡。他一個人待在自己的辦公室內，關上門，靜靜地抽了兩根菸。後來跟他共事的同事都會知道，當張勇遇到巨大壓力或者內心情感有巨大波動時，他的習慣不是當眾宣洩或者借助運動，而是把辦公室門關上，一個人抽菸。

當時，他還以為這是自己親自指揮的最後一個雙十一。曾經出任百度 COO 的葉鵬在這一年的 9 月加入阿里巴巴，出任淘寶網副總裁並且分管淘寶商城。按照公司的安排，張勇不再兼任淘寶商城的總經理，而是專注於自己 CFO 的工作。

張勇說：「我們說好做到年底交接，所以我指揮完 2010 年的雙十一後，知道到年底這個業務我就不做了。看到雙十一很成功，會有一些反差。因此心裡確實有些傷感。」

在他的回憶中，這件事是他在阿里巴巴的 8 年職業生涯中，「挫敗感比較大的」，甚至超過隨後我們會提到的 2011 年「十月圍城」事件。

另一件讓張勇受到衝擊的事發生在 2011 年初。這年的 2 月 21 日，阿里巴巴 B2B 公司宣佈，董事會委託的專門調查小組花了 1 個月時間，調查阿里巴巴 B2B 平臺上的客戶詐欺投訴，發現 2009 年和 2010 年分別有 1219 家和 1107 家中國供應商客戶涉嫌詐欺。除了關閉涉嫌詐欺公司的帳戶並提交司法機關之外，上市公司阿里巴巴 B2B 的 CEO 衛哲和 COO 李旭輝也因此引咎辭職。

衛哲比張勇早一年加入阿里巴巴，或許因為兩人都是公司從外部引入的高級管理層，他們在隨後迅速變得熟悉。張勇說：「他的離開非常突然。臨時通知我們大家開會，然後宣佈這件事情。當然大家都知道什麼原因，但即使這樣還是感覺很受衝擊。你能感受到衛哲在努力控制自己的情緒。」

衛哲離開後，淘寶網總裁陸兆禧開始兼任上市公司阿里巴巴 B2B 的 CEO。不過，張勇離開淘寶商城的時間只延續半年。4 個月後，以「擁抱變化」作為價值觀的阿里巴巴再次宣佈一項人事變動：從 2011 年 6 月 16 日起，淘寶商城總經理葉鵬調任阿里巴巴 B2B-CBU（中國內貿事業部）業務總經理，張勇則重回淘寶商城擔任總經理。

這一天也是淘寶商城的「獨立日」。阿里巴巴宣佈將淘寶分拆為 3 家公司：C2C 的淘寶網、B2C 的淘寶商城和電商搜尋引擎一淘。馬雲在內部將 B2C 定義為正面戰場作戰的「劉鄧大軍」（註 17）。在媒體上也有不少人認為，這次分拆是阿里巴巴集團將 B2C 的淘寶商城分拆上市的前奏。

2011 年對阿里巴巴而言是多事之年。就在張勇回歸淘寶商城的前一天，馬雲才剛出席過在杭州總部舉行的記者會，解釋支付寶的股權結構調整問題（註 18）。

註 15：全名為凡客誠品，是以販售服飾為主的中國電商網站，以注重客戶體驗聞名。

註 16：購物網站，以銷售圖書、音像製品為主。

註 17：指以劉伯承、鄧小平為首的中原野戰軍，是國共內戰時期中國人民解放軍的主力部隊之一。

註 18：2011 年 6 月中旬，基於中國法規對外資企業的限制，馬雲為了讓支付寶成為國內合法協力廠商支付平臺，而將支付寶的所有權轉讓給馬雲控股的另一家中國內資公司。此舉未經過阿里巴巴董事會審批通過，雖然贏得支付寶廣大的用戶市場，但嚴重損壞企業的信譽形象。

# 1-5 淘寶的 B2C 的平台戰略，是因為遇到極大的危機？

「當年我為什麼能迅速成熟起來，是因為沒人替我做決定，我必須自行決策，哪怕是出錯。張勇現在不可能再弄出商城事件、商城暴亂。他比誰都懂，這是曾經的痛苦帶給他的成長。這些事件發生後，我沒有責備過張勇，因為我知道他已經理解自己的錯誤，而且不是他的錯，只是方法問題。」

2011 年造成極大震撼的淘寶「十月圍城」事件，馬雲做出以上的評論。當時張勇回歸主政淘寶商城後，對淘寶商城的招商規則進行調整，因而引發小商家圍攻淘寶商城的事件。

獨立之後，淘寶商城迅速做了兩件具有影響力的事。

**第一件事是，邀請獨立電商加入淘寶，張勇稱這個做法為「開放的 B2C 平臺戰略」**。除了京東、卓越和當當之外，幾乎所有獨立電商都獲邀，並決定加入淘寶商城平臺。

第二件事則是，張勇想把握每年與商家續約前固定的例行規則調整，趁勢**提高入駐商家門檻，將淘寶商城真正定位於品質，以區分於淘寶網的多樣性**。新規在 2011 年 10 月 10 日公布後，其中提高技術服務費與保證金這兩條被廣為傳播，並被解讀為要拋棄小商家。

這項舉動引發針對淘寶商城大商家的組織攻擊行為，例如惡意拍賣後，再利用淘寶商城的無條件退貨規則要求商家退貨。攻擊前後持續 1 週，淘寶方面最終做出一定的讓步，政府部門也介入此事，進行調解和調查。

張勇後來表示那是「艱難的 1 週」，但不會為自己的決定後悔。**「你最後必須要做決定，要考慮更長久健康的事。很多東西很難十全十美，只能盡力做得更周全。如果一直在困擾糾結或壓力當中，將很難做出正確的決定，因此你的內心必須足夠堅強。」**

馬雲說不會為此而責備張勇，而張勇則說在整個事件中，自己對馬雲個人感到愧疚，因為整件事對馬雲並不公平。對商城的攻擊後來還衍生出對馬雲個人的攻擊，甚至有人在香港街頭為他設立靈堂。這對 2011 年本已艱難的馬雲而言，可說是雪上加霜。

不過，這已經是淘寶商城最後一個廣為人知的磨難。而且，定義和成就一家公司的，從來不是它經歷過多少磨難，而是它最終所取得的成績。即使才剛經歷過十月圍城事件，但第三年的雙十一很快就給予機會，證明淘寶商城仍然在快速地前進。

當時的淘寶商城市場總監應宏（花名「魄天」）第一次與張勇開會，就是向張勇彙報 2011 年的雙十一方案。他剛從阿里巴巴 B2B 調到淘寶商城 1 週，用他的話說，「星期天還代表 B2B 在廣州出差，星期一就代表淘寶商城做雙十一方案，然後星期五就要跟老逍彙報」。在阿里巴巴內部，一直跟著張勇工作的人當中，男性習慣稱他為「老逍」或「老大」，一些年齡偏小的女性則稱他為「逍爸爸」。

那一次會議，讓魄天認定逍遙子是一個感性的人，而不像外界認定的印象，總是一臉嚴肅、邏輯嚴密地談論業務。

魄天呈交的 PPT，第一頁用紅色字體寫了幾個標題大字：「雙十一狂想」。再往後翻，他提出把雙十一從「光棍節」變成「網購狂歡節」。魄天回憶：「老逍一看那個 PPT 封面，雙手一拍腿說：這就對了！這個主意靠譜！」這成為魄天參與的 3 屆雙十一提案會中最快結束的一次。會議只開了 1 個多小時，團隊當天晚上還興高采烈喝啤酒慶祝提案順利通過，「之後就再也沒這麼順利過了」。

「我覺得是那個 PPT 讓我迅速進入狀態。」魄天將自己能夠迅速融入淘寶商城，並適應張勇的工作風格的原因，歸結於他在 PPT 中對雙十一的大膽想像。他提出的「狂想」和「網購狂歡節」都切中張勇的想法。

在淘寶商城獨立，以及十月圍城事件後，張勇迫切地需要一場勝利。然後，這場勝利來了：**2011 年度的雙十一成交額上升到 52 億元，其中淘寶商城貢獻 33.6 億元。**

魄天說：「在那之後，雙十一就是件重要的事了。」商城在內部的地位也越來越重要。

2012 年初，淘寶商城更名為「天貓」，據說這個名字是馬雲坐在馬桶上想出來的。隨後天貓又選擇一隻古靈精怪的貓當作 LOGO，社群網路上網友還評論說：「呦，馬總親自代言了。」

這一年的雙十一真正震撼所有人：當日交易額 191 億元，其中天貓成交額 132 億。雙十一也不再只是這家中國最大電子商務公司的一個品牌活動和網路促銷，張勇說：「幾乎所有商業形態都開始全民總動員，雙十一已經從一個線上的消費者活動，變成整體消費者的節日，它不再是僅屬於電子商務的節日，而是屬於消費者的節日。」

歷經天貓獨立和雙十一狂歡，2012 年天貓整體交易額超過 2000 億元，同一年度整個大淘寶電子商務平臺的總交易額，在前 11 個月便突破 1 兆元。以 B2C 占整個交易平臺的比重來衡量，這顯示作為 B2C 平臺的天貓，正因高成長性和巨大的規模而顯得越來越重要。

按照阿里巴巴在上市前提交的報表資料，2014 財年淘寶總 GMV 為 1.172 兆元人民幣，天貓總 GMV 為 5050 億人民幣。到了 2015 財年第四季度，淘寶平臺 GMV 增長至 6000 億元人民幣，其中淘寶 3810 億元、天貓 2190

億元。

天貓毋庸置疑地越來越重要，這也驗證張勇原先對 B2C 的判斷。

在 2012 年的年底，張勇用鋼筆親手寫下一封「情書」，然後請他的人力資源總監菲藍複印後發給同事。在這封信中，張勇說：「我們在一起已整整 3 年。3 年前天貓還是一個出生不久、生死未卜的嬰兒，經過我們用心澆灌，天貓如今已經出落成一個亭亭玉立、人見人愛的大姑娘。我們一起走過的這 3 年，共同贏來很多輝煌，也有很多的苦和痛一起來背。不知不覺地，我感到不只天貓很重要，你也對我很重要。」

# 1-6 發展都夠好了，為何還不滿足？因為他看的不僅是業績！

張勇說，他做淘寶商城和天貓時，是抱持著創業的心態，只不過他是在龐大的淘寶內部創業。因此，天貓市場總監魄天說：「我們有時候會有點驕傲地講，某種意義上，天貓團隊是集團競爭最兇、打過最多仗，也是戰鬥能力最強的一支團隊。」

在淘寶商城和天貓時期，與張勇配合工作的人力資源總監菲藍也有同樣的感覺：「老道在淘寶其實很有影響力。凡是跟他共事過的同事都有共同戰鬥的感覺，願意和他一起工作，且都很信任他。」而且團隊成員彼此之間也是如此：「今天你要我把後背交給沖盧（張勇在天貓時期的公關總監），我沒有二話。哪怕他搞砸了，我頂多踹他兩腳，再罵一句你怎麼搞砸了！就是這種感覺。」

魄天說，天貓團隊的戰鬥力是被張勇用自己的工作方式訓練出來，「他的工作方式和套路影響我們很多人」。

**這種工作方式和套路就是：有宏觀上的戰略謀劃，敢於做決定，同時又喜歡揪住細節一問到底。**這與張勇是

CFO 出身的 CEO 有關。好的 CEO 不僅必須具備宏觀思考能力，還必須勇於做決定，而張勇做過 CFO，又對數字和細節格外敏感。他的幾位同事曾經提到，在開會的過程中，他常會突然指著正在播放的 PPT 頁面說：「你這根曲線做得好像不對啊！」

魄天從 2011 年起就與張勇共事。他說：「他喜歡刨根問底，問到你必須確實瞭解前線具體執行情況，才會知道的細節。例如我說跟支付寶那邊溝通好了，他馬上會問，支付寶哪個部門？是誰？叫什麼名字？什麼叫溝通好？具體是如何溝通？這是因為他後來管的事越來越多，希望能瞭解自己看到的東西，根基到底夠不夠結實。」

張勇稱自己這種揪細節的方式為「捅刀」。他即使被董事會任命為整個阿里巴巴集團的 CEO，也沒有改掉這種捅刀的習慣。

同事總結他的一個工作方式為「戳三次」。「他喜歡戳三次。三次你都順利過關，那表示你準備得很充分，他就覺得基本上這事問題不大。戳一次，被他戳到漏洞，他覺得有點問題，就會再找一個地方戳一次。如果三次都有問題，在他看來這件事肯定沒有準備好，會有很大的瑕疵，需要重新去弄。」

連天貓的商家也能感受到張勇的這種風格。UTC 行家電子商務總經理曹軼甯回憶，有一次張勇和商家開會，會上有個做傢俱的商家提出，經常在天貓上一搜尋，出來的第一頁都是幾十塊到一百塊人民幣的商品，這是淘寶的玩法，但對天貓的商家卻不公平，因為「好的沙發不可能有這種低價」。「老道很快就說，他早就注意到這個問題，還有一些品類也有同樣問題，並馬上把資料包了出來。我瞭解的都沒有那麼細。」

後來有天貓的小二要去跟張勇彙報工作，因為知道曹軼甯這種大商家經常接觸張勇，就問他應該注意些什麼。曹軼寧提供的建議是：**「大方向講清楚之外，千萬記得把所有資料和具體規則好好複習一遍，別以為老大只關注宏觀的東西，別被他問住了。」**

曹軼寧說：「他是個既能站在雲端，又能非常落地的高管。一看就是非常專業，一板一眼，但實際做事時，格局非常開闊，而且不妨礙他對微小瑣事的處理。」

在內部開會時，張勇喜歡說，戰略是幹出來的。被要求總結自己的風格時，他說阿里巴巴的風格是「天馬行空、腳踏實地」，「馬總比較天馬行空，而我的風格是較為腳踏實地」。但這不表示張勇只是對細節和執行有偏執追求的實幹家，對戰略的思考不多。

魄天記得，在張勇還是天貓總裁時，有次曾帶他以及當時的天貓副總裁喬峰，去跟集團的CFO蔡崇信開會，主題是天貓要申請追加預算。當時已經是下半年，按照當年度既有的資料預測，張勇的天貓團隊已經可以超額完成KPI（關鍵績效考核）。於是蔡崇信問了一個問題：「老逍，天貓今年發展這麼好，已經可以超額完成集團的指標，你為什麼還要追加預算去砸市場？」

張勇的回答是，就像一個國家一樣，他要的不光只是表面意義上的增長，而是整個經濟結構的變化。「我要的是整個天貓業務結構的變化」。在淘系電商中，非標品（註 19）是最強的，這也是萬能淘寶的由來。但對 B2C 電商而言，標品往往占據整個銷售額的絕大比例。張勇身為天貓的總裁，「希望借這個機會調整天貓的『產業結構』，把標品在整個銷售中的占比提升上來」。

魄天回憶：「我們所有人都沒想到他的思路是這麼回事。那一番話講完後，Joe 5 分鐘不到就拍板了。他只問一個問題。」

這次會議也是魄天印象中最深刻的一次工作會議。他說：「這對我來講是一次啟蒙。很多事並不是對就是對，錯就是錯，好就是好，而是要從不同層面來理解。這是迄今為止對我的工作方式影響最大的會議。」

張勇對自己帶出的這支團隊，自然是關心有加。魄天說，有一段時間他妻子身體不太好，張勇見到他，就會很關切地問：「你老婆現在怎麼樣，有沒有需要幫助的。」

有一天張勇從電梯裡出來碰到菲藍，就對這位負責天貓人力資源的大管家說，你要去關心一下剛剛那個同學，他最近好像不太好。菲藍回憶：「他說了一個名字，但我發現自己根本不認識。回去一查，那是個一線小二，離他不知道隔了多少層。」

張勇在天貓工作時期，每到吃飯時間，會在辦公室內架起一張小飯桌。他請阿姨做飯並送過來，但一個人吃不完，索性多做一點，然後邀請一些同事一起來吃。

註 19：標品即為「具有統一市場標準的產品」，例如手機或知名品牌的商品；而非標品則是「沒有統一市場標準的產品」，包括一般成衣。

# 1-7 他讓淘寶成為全世界最大的行動電商平臺，靠的是……

張勇背負赫赫戰功，2013 年 9 月 10 日，職務從 B2C 事業群總裁變更為阿里巴巴集團 COO，向在 4 個月前接替馬雲出任集團 CEO 的陸兆禧彙報。他管理的範圍從之前的天貓，擴展到淘寶、聚划算（註 20）、航旅、本地生活、一淘（註 21）、阿里巴巴國際事業群、1688 技術部（註 22）、共用業務事業部等所有與 PC 端交易市場密切相關的業務。直到這時，他在天貓投入的時間才開始變少。

在此之前，天貓的同事只要在晚上十一點之前，都可以直接打電話給他彙報工作或討論問題。但他仍然是接下來 2 年雙十一的總指揮。畢竟，這個節日由他開創，所有與電商相關的業務也都由他主管。

在這一年的 9 月 23 日，阿里巴巴集團發佈即時通訊工具「來往」，作為在無線端與微信抗衡的工具。CEO 陸兆禧和董事局主席馬雲都跳出來為來往站臺。從兩個媒體的標題就可以看出他們當時的決心：

「馬雲：寧可死在來往路上，也絕不活在微信群裡」

「陸兆禧：阿里願為『來往』付出任何代價」

但是顯然來往沒能撼動微信在行動網路端的地位。接下來在 2014 年的 3 月 4 日，原本由 CEO 陸兆禧直接掌管的無線業務，轉交由已是集團 COO 的張勇負責。曾經在天貓與張勇共事並擔任副總裁的喬峰，被任命為天貓總裁，分管天貓和聚划算。花名「行癲」的張建鋒出任淘寶網總裁。

**張勇在無線上的思路，可由他在掌管無線期間的兩個標誌性舉動來定義：力推手機淘寶以及百川計畫。**

在 2013 年 9 月的一次總裁會上，張勇請與會的集團決策者一起思考這家電子商務巨頭的無線戰略：「今天的阿里巴巴應該從哪個方面切入？我們原本是做 PC 上的電子商務，而對於行動網路上的電子商務，是不是應該重新定義『電子商務』是什麼，……是否需要從另外的行業，例如通信產業切入。」

「對於產業的判斷非常重要，哪些產業必須去做、哪些則要放棄。儘管我們現在日子比較好，也有很多錢，未來還會更多，但是我們要有主線。當然可以用創業的方法去佈點，但一定要有主線，整個集團的資源才能集中在一個方向去佈局。」

受命執掌無線業務的張勇說：「今天這場會議，這麼多人齊聚一堂，能做決定的人都在場，做決定後就往前走。」

會議的最終決定是：將手機淘寶用戶端確立為整個阿里巴巴在手機端最重要的戰場，「我們達成共識，關於原本就具有市場地位的服務，它們的無線化將在各個用戶端上各自進行，但在消費體驗的創新上，我們集團只做一個用戶端」。

接下來，在 2 個月後的集團組織部大會上，張勇提出「整個集團把無線作為最重要的戰略」。

押注手機淘寶讓阿里巴巴在無線業務上驚險一躍，至少暫時度過行動網路帶來的挑戰。2013 年 11 月 12 日，張勇在雙十一媒體溝通會上說，在這一年雙十一的 350 億成交額中，有超過四分之一發生在無線終端。到 2015 年 5 月 7 日發佈的 2015 財年第四季度財報，阿里巴巴集團已經可以宣稱，自己在行動電商上擁有「無可匹敵的領導地位」，因為在這個季度，阿里巴巴中國零售平臺行動成交額占比超過 50%，行動裝置上的月活躍用戶增加到 2.89 億人。手機淘寶已經是全世界最大的行動電商平臺。

張勇在無線戰略上的另一個重要舉動，是 2014 年 10 月 14 日宣佈百川計畫。百川計畫是一項無線開放戰略，阿里巴巴集團希望，藉由對各個無線端細分的 APP 開發者，開放自家擁有的技術能力、資料、計算能力和電子商務能力，來幫助各個細分 APP 成長，在行動端構建這家公司經常提及的「生態系統」。

張勇一方面傾注資源，將手機淘寶打造成行動裝置上的超級 APP；但另一方面，他相信行動網路時代是去中心化的。因此，他希望借助百川計畫，在阿里巴巴提供的技術、資料和商業化平臺上，建立起一個去中心化的生態體系。

在一次內部會議上，有人提問百川計畫到底重不重要，張勇反問：「每一次百川的大型活動，我都要親自去站臺，這意味著什麼？」

張勇在 COO 任期內另一件被稱道的事，與他在投資上的佈局有關。不過，這一次更傾向於借助投資的手段。他和戰略投資部副總裁「剛峰」一起主導對海爾日日順（註 23）、新加坡郵政、銀泰百貨的投資。剛峰說：「老道從理念上一直想打造一個很強的生態體系，這是他的思考方式。」**張勇會從「提高消費者體驗」、「提高整個價值鏈效率」、「改變現有行業運作典範」以及「有助於整個生態體系」四個維度，來考量一項投資。**他在負責業務時，會對與自己合作投資方面的剛峰等人反覆提及這幾個方面。

剛峰說：「從這些項目的執行難度到投資後的整合難度，過了 5 年、10 年再看，都會成為經典案例。這些都需要執行者的眼光、決心和執行力。投委會也要看你講的是否有道理，以及有沒有執行力。」

不過，另一件涉及人事的事項就沒有那麼愉快。張勇的團隊逐漸成長為可獨立執掌一塊業務的領袖之才，在架構調整中被任命為天貓和淘寶網總裁的喬峰與行癲，都曾和張勇做過多年搭檔。正如他在 2012 年底給團隊的手寫信中所言：「依賴往往是相互的，人的情感彼此相連，……也許你沒有感覺到，我多希望你越來越有能力，幫我分擔這份責任和力量。」他的團隊正在為他分擔責任和力量。

他看著團隊成員逐漸成長為業務部門的總裁，但在 1 年之後，卻得做一件在外人眼中十分殘忍的事：他必須將喬峰從天貓總裁的職務上免去，而這個年輕人是他做淘寶商城和天貓時最重要的助手之一。

張勇說：「我的信條是心要善、刀要快。對事情要負責，對人要理解，要感同身受。」2009 年時，他曾自己動手，解聘一個從 2000 年開始就在公司的『老阿里』，因為他有商業操守的問題。「跟我在一起的同事都下不了手，人離開之後大家都哭了。」

「該怎麼處理就怎麼處理，包括今年天貓總裁的替換。要直接把問題講清楚，像是整個業務發展中碰到的瓶頸，身為總裁對這件事有哪些地方沒有做到。首先處理事情要公平，其次要在合適的時機完整地表達意思，而不是讓人大吃一驚。」

張勇不會公開表達自己內心的波動，但想必他也曾將自己關在辦公室內抽菸。他曾在深情流露時對同事說過：

「也許你敏銳一點，就會發覺我辦公室菸灰缸裡的煙頭數量，是隨著我的心情在變化。」

註 20：阿里巴巴集團旗下的團購網站。

註 21：阿里巴巴集團旗下的購物搜尋網站，消費者在網站內搜尋到所需商品並下單購買，可獲得一部分現金回饋。

註 22：阿里巴巴集團歷史最悠久的技術團隊，曾推出大量成功技術產品業務。

註 23：海爾集團旗下綜合服務品牌，業務內容包括物流、健康、物業管理等。

# 1-8 別人都說做電商是用戶最重要，為何他更注重商家的需求？

2013 年 9 月，張勇被任命為阿里巴巴集團 COO 時，一些商家曾在小範圍內私下議論。「我們有很多猜測，是不是遇到什麼問題，老逍做 COO 之後是不是權力會變小。因為我們覺得天貓總裁是封疆大吏，COO 能做什麼，馬雲和老陸（陸兆禧）都這麼強。」UTC 行家電子商務總經理曹軼甯說。

張勇先前做淘寶商城和天貓的經歷，不但讓他在淘寶內部聲望甚高，也為他贏得一批商家擁戴。曹軼寧總喜歡說自己是逍遙子的粉絲，安踏董事局主席丁世忠、海爾集團輪值總裁周雲杰等傳統行業大亨，也與張勇多有交往。

「我覺得在電子業務方面，傳統企業應該要感謝老逍，無論是大商家還是小商家。」曹軼寧說。

2009 年時，曹軼寧開始在杭州組建 UTC 行家的電子商務團隊，並且在當時的淘寶商城開店。他回憶：「當時我們做電子商務，傳統企業都嘲笑我們說，你們去淘寶賣貨，是不是實體店面賣不掉啊？」但是今天已經不會再有線下通路商說出這句話。

曹軼寧說：「很多中小賣家都感謝阿里巴巴、淘寶和馬雲，而傳統零售業和製造業轉型做電子商務，應該感謝天貓、老道和馬雲。」

張勇喜歡與商家互動，瞭解商家的想法。早年在商家圈子裡流傳一個說法：商家跟騰訊電商開會，基本上是商家在講，騰訊在聽；跟京東開會，大家是互相交流；而跟阿里巴巴開會，則是阿里的小二在講，商家在聽。

但是張勇在與商家開會時，卻一反阿里的風格，「他更願意聽，聽的過程中，他會不停地問問題。」曹軼寧說。他第一次見到張勇，正是在一次淘寶與商家的會議上。張勇帶著當時還在負責淘寶技術架構的張建鋒（花名行癲）一起過來。張建鋒回答商家們提出的各種問題，張勇則在一旁聽著。

張勇直到當上天貓的代言人後，才開始代表天貓發表一些談話。今天，張勇可能是阿里巴巴高管中最常公開發言和接受採訪的一位。不過，由於他每次都只是談論戰略和業務，從不會因為大膽言論引發爭議，也不談論自己，因此仍給媒體留下低調的印象。

除了天貓本身的規模，張勇能夠贏得涉足電子商務的傳統行業商家支持，有個原因是**他總是反覆強調電子商務應該是公司的整體戰略，而不是公司電子商務部門的戰略**。他反覆對商家強調這種思維方式。

曹軼寧說：「傳統企業剛開始做電商時，很可能把電商當成一個下水道，但真正要開始做電子商務，其實需要改變很多地方，包括公司的架構。所以老逍跟我們開會時，會直接說這個問題是在你們老闆身上，企業必須做出徹底的改變。」張勇甚至會主動詢問，是否需要他自己出面，「去跟你們老闆講這些」。

現在，將電子商務當作公司戰略，幾乎已是所有傳統行業公司的共識。丁世忠說：「電子商務是集團戰略，是我自己在分管。」他執掌的安踏體育是中國最大的體育用品企業，在 2014 年的全年銷售額達到 89.2 億元，淨利潤 17 億元。他說：「我們在線下的江湖地位是第一，因此期望在線上也要做到第一。這是一個重要的問題。」

另外一個原因是雙十一。**雙十一把電子商務的威力直接展現在傳統商家眼前**，「透過這個事件，把電子商務的模式清晰地展示給我們商家看」。UTC 行家從 2009 年開始參與雙十一，有一年準備好 1 萬個拉桿箱的貨在倉庫裡。當時正好代理品牌的代表到公司參觀，曹軼寧把他們拉到倉庫，指著那 1 萬個拉桿箱說，這只是我們 1 天的銷售量。「老外那時候不知道什麼是雙十一，但馬上跟我們簽下 10 年的代理協定。」

張勇出任 CEO 之後，馬上從集團的各業務中挑選出幾個代表，進行一次巡迴的商家拜訪。他說：「其實，我做業務以後就一直比較喜歡跑客戶。做 CEO 以後，第一反應還是先去聽商家的聲音。」在 1 週時間內，他跑了包括北京、上海、臨安、廣州、深圳、廈門等城市。拜訪的商家，包括安踏這樣的行業巨頭、淘寶村（註 24）裡的商戶，以及做跨境電商物流的新銳公司。

丁世忠說：「他們原本只需坐在家裡做生意，像百貨公司一樣。店大不怕找不到客戶，但張勇現在考慮的主要問題是，他想主動去瞭解，在未來的發展當中，更多的企業和更多的品牌，在天貓戰略中是什麼位置？」他和張勇在廈門安踏總部談了 2 個小時，互相聆聽對方的建議。

「阿里巴巴希望跟各行業的領先企業進行合作，因此首先要瞭解需求。過去他們提供平臺，讓品牌進去銷售。現在逍遙子給我提出一個不一樣的情況，他想為各行業的領導品牌量身訂做在天貓的發展戰略。」

4 年前張勇擔任天貓總裁時，也曾帶著團隊到廈門去拜訪丁世忠。丁世忠一貫低調，很少出席活動，與炙手可熱的網路企業家幾乎沒有往來，但之後卻和張勇成為好朋友，並且拜訪杭州阿里巴巴總部。

丁世忠說：「阿里巴巴是非常大的公司，但每一次跟他交流，讓我印象深刻的是，他做事速度快、執行力非常強。我們交流過的事項很快就有進展，例如他跟我們承諾的事情，在 1 週內就能給出回饋。關於細節的地方，他會給我發一個微信，告知工作的進度情況。」

在 5 月底一次被稱為「施政綱要」的演講中，張勇也反覆強調商家的重要性。他的說法是，整個公司要回到初心。「現在做生意的方法已經改變，如果我們想繼續遵循願景，讓天下沒有難做的生意，那首先要瞭解客戶在做什麼生意，他們有什麼痛，我們該怎麼幫助他們去解決這個痛。」

「我們必須要從只關注 C（個人消費者），走向同時關注 C 和 B（商家），尤其是現在這個階段，我們必須更注重於 B，只有注重 B，才能把慣性扭轉過來，才能有不同的思考，去服務我們的客戶和市場。」

對於大部分網路公司而言，張勇的這種說法有點像是冒天下之大不韙。過去，所有的網路企業家和網路思想家都反覆強調個人用戶的重要性，而且認為其重要性無論怎麼強調都不為過。個人用戶代表著流量，因此也代表價值產生的可能，網路公司甚至得透過免費和補貼的方式來吸引他們。

張勇卻說：**「網路經營通常是用戶為先，也就是消費者為先，但其實在這個時代，兩者應該是平衡的。我們過去一直強調消費者，這時候反而要更強調客戶和商家，從他們的視角來看電子商務和網路對他們的影響，以及所能發生的變革。」**

註 24：指淘寶活躍網店數量達到當地家庭戶數 10% 以上、電子商務年交易額達到 1000 萬元以上的村莊。

## 1-9 解決商家各懷鬼胎的方式是→事情可以複雜，但人要簡單！

在張勇被董事會任命為阿里巴巴集團 CEO 之前，就已經有人猜測他有可能成為這家中國最大網路公司的 CEO。這個任命就像 2 年前陸兆禧接替馬雲成為集團 CEO 一樣，並不那麼讓人感到意外。

張勇過去 8 年在阿里巴巴的經歷，使他有足夠的資格擔任 CEO。他以內部創業的姿態主導天貓的崛起，創造讓這家公司自豪的雙十一購物節。雙十一也開啟網路公司「造節」的先例，但是後來的模仿者還沒有一個能夠造出這樣成功的節日。他接手集團的無線業務後，雖然沒有奇跡般地創造出像微信這樣的行動裝置產品，但包括手機淘寶在內的行動裝置產品，表現同樣不俗。

他還擁有年齡的優勢。阿里巴巴集團的 CPO（首席產品官）彭蕾曾在一次會議上開玩笑說，當然應該讓 1970 年後出生的年輕人來管理這家公司，只要看逍遙子就明白。高管群聚開會，從早上一直開到晚上，所有人都頭昏腦脹，只有逍遙子越開越精神，頭腦越來越清楚。

他如何保持過人精力，連同事都相當好奇。如果有人問到，張勇會笑著講起第一份工作的經歷。在從上海財經大學畢業之後，張勇加入安達信，後來安達信受到安然事件（註 25）影響，被普華永道合併後，他也進入普華永道。在會計師事務所工作的經歷，讓他習慣高強度的工作。「這可能是受到我第一份工作的訓練。安達信的工作經歷對我人生的影響非常大，上班第一天就是這樣工作。」

好奇者會接著問：「你的意思是累著累著就習慣了？」他的回答是：「對！」

菜鳥網路（註 26）總裁童文紅說：「我覺得自己夠努力了，但我發現老逍比我還努力。我做菜鳥這 2 年，經常待到很晚才走，但我出去時通常總能看到他的車還停在那裡。」

他身為一個在阿里巴巴工作過 8 年的員工，在面對「老阿里」時沒有任何負擔。甚至連從 2000 年開始任職阿里巴巴的前任 CEO 陸兆禧，都無法做到這一點。

蔡崇信在 2014 年初接受《富比士》雜誌採訪時，曾經提到：「在我看來，現在陸兆禧比半年前剛擔任 CEO 時感覺好很多。在 2013 年 5 月的時候，他可以將我視為馬雲的合夥人。我是創始人，他不是。現在，他是 CEO，該負責發號施令。換成我，可能會想：如果我發號施令，他會不會挑戰我，畢竟他比我資歷老點。我努力讓他在

CEO 位置上感到舒服，這就是我當時所做的事情。」

張勇說：「從來沒有（心理障礙），可能是我一直待到現在的原因。我不會覺得自己是個新人，現在也沒覺得變成老手。做人簡單一點，這是我一直堅持的信條。不要想那麼多，事情本來是怎樣就怎樣，該怎麼做就怎麼做。這樣反而容易建立信任。」

他和阿里巴巴的重要高管都曾在工作上合作過：首先是蔡崇信挑選他進入淘寶，最初面試他的人包括馬雲和彭蕾；在淘寶網做 CFO 和 COO 時，工作上最直接的合作夥伴，則是接替孫彤宇出任淘寶網總裁的陸兆禧。

**「事情可以複雜，但人要簡單。」**張勇說。這種簡單化哲學有時候可能讓他做出外人看來超出自己責權範圍的事。

UTC 行家電子商務總經理曹軼甯回憶說，在與商家的會議上，有些商家抱怨在大淘寶平臺上的搜尋結果，由於排名是以銷量為重要標準，會造成低價的「假貨或山寨貨」衝擊到商城中的品牌商家。但這些抱怨者其實也覺得改變很難，畢竟這必須改變整個淘寶的搜尋規則。

曹軼寧說：「很可能的結果是，我是淘寶商城的總裁，淘寶不歸我管，基本上就到此為止。但是老逍不會，他可能會做很多內部工作，造成整體上的改變，這是他的格局。他能夠非常公事公辦地解決問題，我覺得這肯定會讓老馬和公司高層感覺到他的能力和擔當。」

他抱持的這種哲學，也可能讓他講出使公司老員工非常吃驚的話。曾在天貓擔任人力資源總監的菲藍記得，某次在判斷一個重要職務應聘人是否合適的問題上，她和業務部門的總監發生分歧。業務部門總監認為候選人沒有問題，但她卻態度堅定地否決這名候選人。於是張勇介入此事，他問菲藍堅持不通過的原因是什麼。菲藍回答：「這個人身上沒有阿里味。」張勇反問：「什麼叫阿里味？」

菲藍的反應是當場愣住。在阿里巴巴的歷史上，很可能從沒有高層管理者會以帶有挑戰性的姿態，公開提出這個問題。菲藍說：「他是希望幫助你更清晰地去表達，看清楚問題的本質。」但她也因此發現，「他會有自己的想法，想要去影響阿里」。

張勇在出任 CEO 之後提出，要平衡消費者和商家的關係，甚至在一段時間內要傾向於商家，這也是一個例子。他在出任天貓總裁時就已經在內部有過類似意見。張勇曾經說，天貓要做共和黨，而淘寶則是民主黨（在美國的兩大政黨中，民主黨強調的是多元化和平等，共和黨強調的則是公司主義和自由貿易）。

這對一個一貫強調用戶至上的網路公司來說，是不可思議的。例如美團網（註 27）的創始人王興就始終強調，美團的排序是：用戶第一、商家第二、美團第三。

這也讓阿里巴巴內部員工認為，他是一個想要有所改變的新任 CEO，不會受困在集團已有的光環之下。畢竟，過去 16 年的阿里巴巴已經被證明是一個巨大成功，而成功會為既有的文化、規則和行事方式帶來合理性。任何改變都會被視為對這種合理性的挑戰。但所有人也都知道，改變是必然的，如果不是主動地進行改變，結果可能是被動的改變。

張勇說，排在新 CEO 面前的三項主要工作分別是：

**1. 制定和推動戰略的實施。他在被稱為「施政綱要」的演講中，已經描述阿里巴巴的戰略地圖，但重要的是要將戰略變成現實。**

**2. 為未來而佈局，包括從一個終端走到多個終端，從國內走向國外，線上和線下的融合等。**

**3. 對年輕人的培養和組織變革方面的工作，他反覆提及，從傳統的樹狀結構轉換到符合行動網路時代的網狀結構。**

記者直率地問張勇：「你會擔心自己成為馬雲陰影下的 CEO 嗎？」張勇回答：「第一，馬雲的存在是客觀事實；第二，是不是陰影，完全取決於你怎麼做。馬雲肯定希望他挑選的人能夠成功，所以要考慮的是怎麼樣好好利用他身為董事會主席的資源，而不是把他看成一種負擔。」

張勇總是呈現出一種穩定不變的形象：頭髮梳得一絲

不亂，中規中矩的襯衫、西裝和皮鞋，不笑時顯得非常嚴厲，喜歡語速不變地談論業務問題，而不喜歡談論自己。他知道有傳言說他妻子是馬雲的妹妹，他只說「當然是胡扯」，但也不肯再多講。

想要激怒一個穩定不變的人並不是件容易的事，我告訴他：「我隨手在網上搜，看到有媒體對你的評價是『最低調也最無聊』。」

對此張勇仍然微笑，語調沒有任何變化：「挺好的。每個人都應該有保持自我的權利。」

註 25：美國史上最大破產案與審計失敗事件，曝光於 2001 年 10 月。美國能源公司安然的內部人士在帳務問題上舞弊，同時對安達信會計師事務所施壓，要求忽視內部的債務問題。在安然破產後，安達信也因涉及非法銷毀該公司帳務文件，失去大多數客戶而宣布停業。

註 26：由阿里巴巴與數家公司聯合創辦的網路物流數據公司，目標是打造「中國智能物流骨幹網」。

註 27：中國第一個精品團購形式的類 Groupon 電子商務網站，除團購外，也涉足酒店、外賣等諸多業務。2015 年與大眾點評合併後改名為美團點評。

## 單元思考

在一次被稱為「施政綱要」的演講中，張勇反覆強調商家的重要性。他的說法是，整個公司要回到初心。「現在做生意的方法已經改變，如果我們想繼續跟隨我們的願景，讓天下沒有難做的生意，那首先要瞭解客户在做什麼生意，他們有什麼痛，我們怎麼樣幫助他們去解決這個痛。」在過去，所有的網路企業家和網路思想家都在反覆強調個人用户的重要性，而且認為其重要性無論怎麼強調都不為過。

張勇卻說：「網路經營通常是用户為先，也就是消費者為先，但其實在我們這個時代，兩者應該是平衡的。我們過去一直強調消費者，這時候反而要更強調客户和商家，從他們的視角來看電子商務和網路對他們的影響，以及所能發生的變革。」究竟是「消費者為王」還是「客戶為王」，將這個關於企業定位的核心問題思考清楚，或許本身就是一個重大創新。

NOTE

/ / /

NOTE

/ / /

“

**向那些瘋狂的傢伙們致敬，他們特立獨行、桀驁不馴、惹是生非、格格不入，他們用與眾不同的眼光看待事物，不喜歡墨守成規，也不願安於現狀。你可以頌揚或是詆毀他們，但唯獨不能漠視他們，因為他們改變了事物。他們推動人類向前發展，只有那些瘋狂到以為自己能夠改變世界的人，才能真正地改變世界。**

——賈伯斯（美國蘋果公司聯合創始人）

”

Chapter 2

AI 時代企業　正和島

# 他打造「取暖中心」，讓 B2B 昇華到……

### 他為何從不謀取自身利益？

劉東華儘管掌握與企業家有關的資源，卻沒有借機從中謀取利益。他曾幫助企業家促成一些事情，其中有人願意以金錢酬謝，於是他請對方為中國企業家俱樂部提供註冊資金。即使是在外人眼中隱藏著巨大利益的中國企業家俱樂部，劉東華也沒有從中獲取過直接的物質收益。從組織成立開始，發起人定下的規則就是永不分紅，而劉東華也不會從中拿取一分報酬。

他並不功利，從不急於將掌握的資源變現，在與這些富有的企業家交往時，這是他保持自尊的重要方式。

### 他如何推動企業家與外界的連結？

劉東華在 1996 年主動請求接任《中國企業家》雜誌總編，不僅讓這本雜誌成為中國最重要的商業雜誌，還將商業群體的「生意與生活」公之於眾，成為商業階層與大眾媒體的連接點。他自認是中國企業家階層的代言人物，曾透過體制內身份和所在媒體的影響力，推動政治家與企業家的對話，還引入學界顧問，讓知識份子與企業家彼此對話。更大範圍而言，他還透過組織訪問活動，讓中國的商業階層與世界各國的精英產生連結。

**他發現企業家的需求，並打造「取暖中心」……**

劉東華發現企業家這個人群其實是孤獨的，對彼此有需求，因此決定建立企業家的取暖中心。他致力於為企業家舉辦活動，包括中國企業領袖年會及中國企業家俱樂部，並扮演連接點，讓企業家互訴自己的艱難時刻，或者讓他們向彼此尋求支持，推動這群人的進化。

**真心認可企業家，讓大佬對他服氣！**

在劉東華的價值觀中，認為企業家是社會上最值得尊重、最稀缺的人，他常說：「欣賞你到靈魂裡，批判你到骨子裡。」在中國企業家俱樂部內部，他和部分成員之間的關係曾經陷入緊繃，因為企業家感覺像是被槍頂著，或是被拽著領帶往前走。但是，這不會妨礙這群男人之間的關係，他們偶爾會爭吵得面紅耳赤，通常說話都不大會留面子，卻不影響他們的情誼。

# 2-1 一手打造全中國最重要的商業雜誌，他為何急流勇退？

“

**李翔按**

劉東華藉由自己主持的《中國企業家》雜誌，以及發起和聯合創辦的中國企業家俱樂部，就已經足以得意地過完後半生。不過，他還是想擺脫旁觀者的身份，去嘗嘗創辦和管理公司的甘苦。

在他創辦正和島的前後，剛好是整個中國網路轉到行動網路的遷移期。坐擁微信的騰訊 CEO 馬化騰也說，自己只是拿到半張行動網路的船票，他不敢設想如果微信是其他公司的產品，騰訊該如何應對。

劉東華剛開始想創立的是一家社群網路公司，一個高端版本的臉書。但是，面對洶湧而來的行動網路大潮，臉書同樣必須透過天價收購 WhatsApp 和 Instagram 這樣的行動社群軟體來搶奪船票。可想而知，劉東華一定很感慨，剛好碰到這樣一個網路的大轉彎時期。不過，行動者沒有太多時間自憐。

”

他能讓柳傳志（註 28）和王石落淚，能夠安慰馬雲和張維迎（註 29）。他是善於蠱惑人心的花衣魔笛手、長袖善舞的社交家。他讓人嫉妒也遭人非議。

1999 年 8 月 20 日，劉東華到紐約曼哈頓美國大道的時代生活大廈，拜會當時的《財富》雜誌總編輯約翰．惠伊。那年 36 歲的劉東華在 3 年前剛接手一本名叫《中國企業家》的雜誌。儘管在當時的中國，30 多歲成為局級幹部（註 30）仍是一件足以誇耀的事情，但在面對長他 15 歲的惠伊時，劉東華顯然只是一個籍籍無名之輩。

劉東華在 1996 年從《經濟日報》評論部調任《中國企業家》雜誌的總編，而惠伊在《華爾街日報》做過 13 年的記者，1995 年成為《財富》雜誌的總編輯。他是山姆．沃爾頓指定的傳記合作者（註 31），也是安迪．葛洛夫（註 32）口中「記者中的記者」。《財富》已經是全美最重要的商業雜誌，而《中國企業家》則還懷抱野心，想成為「中國的《財富》雜誌」。1996 年《財富》雜誌曾經失去 IBM 500 萬美元的廣告費，原因是惠伊和《財富》執意要刊登一篇描寫 IBM 明星經理人路易斯．

郭士納（註 33）的報導。這個數字大於當時《中國企業家》一整年的收入。

惠伊和劉東華討論新聞報導中的國家與廟堂，討論媒體的獨立性，以及《財富》著名的排行榜，但是讓劉東華印象最深刻的卻是惠伊一句有關世態炎涼的話，他在多年後仍能準確地複述出來。「他說：『全球 500 強的 CEO 很多都是我的好朋友，但是只要我一離開《財富》雜誌，他們會立即扔掉我的電話號碼。』他的意思是他們認的是這個品牌和平臺，而不是他本人。」

這是 2011 年的年末時分，劉東華馬上要度過自己的第四個本命年。表面上看他並無太大變化，他仍然喜歡穿黑色中式圓領外套（有一次開玩笑時他吐露玄機，說這樣就不用打領帶也算正裝）；走起來路氣派十足，大有睥睨天下的勁頭；前額的頭髮已經掉了不少，和馮侖（註 34）、郭廣昌（註 35）共處一堂時，大家會開玩笑稱他們髮型相像，只是程度不同；不管在任何場合，話說到激動處會抬高聲音，並且重複關鍵字，聲音能傳到老遠。他稱自己個性張揚、粗門大嗓。在裝修新辦公室時，他的部屬特地去跟施工者說，這個辦公室的牆壁要厚一點，因為這人嗓門大。

在中國的傳統中，人們通常會認為本命年是多事之年。這一年對劉東華而言也是如此，他離開任職 15 年的《中國企業家》雜誌，宣佈自己要擁抱網路，創立一家名叫「正和島」的公司，這個公司名字讓人以為他要擁抱房地產。在他離開時，《中國企業家》已經成為中國最重要的商業雜誌之一，也是為數不多年收入超過 1 億人民幣的雜誌。幾乎所有中國的民營商業巨人都或多或少與這本雜誌有關聯，其中許多人也成為劉東華的朋友。

他們會「扔掉」劉東華的電話號碼嗎？

目前看來還不會。其中一些商業明星，例如曹國偉（註 36）、俞敏洪（註 37）、劉積仁（註 38）和李開復等人，還出席他的新公司在 2011 年年底舉行的試運行活動，還有一些人則是新公司的投資者，彼此之間關係密切。人們都明白光是這種聯繫就能成為一種巨大競爭力，我們可以稱之為「資源」，或者是「關係」。

在當前這個斷裂的社會中，基本上各群體都處於自說自話的階段。知識份子們沉浸在自己的世界中，爭論著關於抄襲、社會變革、民主與改革的話題。企業家與商人幾乎淪落為一個自我欣賞的小圈子，每年在固定的場所孤芳自賞地互相評價彼此的豐功偉績。大眾與媒體開始分裂為兩個概念，大眾紛紛擾擾地表達著自己的功利和偏激，在渴求成功學時，又強烈地憤世嫉俗，而媒體則不知所措地竭力追趕流行的腳步，試圖捕捉變化無常的大眾品味，勢利又脆弱。至於政治家在想什麼，那一直是個秘密。或許還有一個沉默的龐大群體，但由於他們還沒有表現出消費能力和影響世事變化的聲響，仍然是被遺忘的人。

**劉東華則在這個分裂的世界中扮演著連接點的角色。**當他掌握著媒體平臺時，能將商業群體的「生意與生活」公之於眾，是商業階層與大眾媒體的連接點。

他曾透過體制內身份和所在媒體的影響力，試著推動政治家與企業家的對話，他稱之為「推動兩大邏輯對接」，並讓當時的遼寧省省長坐在段永基（註 39）旁邊；他透過引入大量的學界顧問，例如吳敬璉、周其仁、許小年（註 40）、吳建民（註 41）等，努力讓知識份子與企業家坐在一起，彼此對話。

更大範圍而言，他還透過組織群體性的訪問活動，讓中國的商業階層與世界各國的精英產生連結，例如當美國前國務卿鮑威爾等人訪問中國時，曾與他們共進午餐。在 2011 年一次訪問美國的活動中，他們拜訪的對象包括：前財政部長羅伯特・魯賓、布魯金斯學會（註 42）主席約翰・桑頓、前國務卿奧爾布賴特、摩根大通 CEO 傑米・戴蒙、時任美國商務部部長約翰・布萊森、前副國務卿羅伯特・赫邁茲和馬克・祖克柏。

儘管劉東華不是大眾耳熟能詳的巨富與掌權者，但是他能發揮的作用，在財富階層甚至更大的群體中卻無人敢輕視。

「畢竟，（惠伊）他不是（《財富》雜誌）這個平臺的創始人，不是真正的靈魂人物，也沒有改變平臺的命運。」劉東華還在回味著惠伊的話。**「而我實際上是重新**

**定位（《中國企業家》）這個媒體和（企業家）這個人群的關係**。除了在管理和決策上提供他們價值之外，更大的價值是透過我們的一系列『鼓與呼』（註 43），讓整個中國社會接受這個特殊的人群。我們告訴大家企業家人群意味著什麼，以及為什麼他們如此重要。」顯然，他自認是過去 20 ～ 30 年間形成的中國企業家階層的代言人物。

註 28：聯想集團創始人。

註 29：北京大學教授、經濟學家。

註 30：中國的公務員級別之一，屬於高級領導幹部。《中國企業家》雜誌隸屬於黨報《經濟日報》，因此總編輯具有公務員身分。

註 31：山姆·沃爾頓是全球大型零售業連鎖企業沃爾瑪的創始人，與約翰·惠伊共同撰寫自傳《富甲天下》。

註 32：英特爾首位 COO，後擔任 CEO，主導英特爾在 1980 年代至 1990 年代間的成功發展。

註 33：IBM 前董事長兼 CEO，曾成功帶領瀕臨破產的 IBM 進行改革轉型。

註 34：中國醫藥實業企業萬通集團的董事局主席。

註 35：中國大型民營綜合企業控股公司復星國際的創始人。

註 36：中國知名入口網站新浪的董事長。

註37：中國最大的英語培訓公司新東方集團的創始人。

註38：中國培養的第一位計算機應用專業博士，也是中國第一家上市軟體公司東軟集團的創始人。

註39：中國著名民營科技企業四通控股的前董事長。

註40：此三人均為中國國內權威經濟學者。

註41：中國資深外交官。

註42：美國著名智庫之一，主要研究社會科學，包括經濟與發展、都市政策、政府、外交政策以及全球經濟發展等。

註43：擊鼓助威、大聲呼喊。

# 2-2 長期深耕企業家關係，靠的是「無所求」

劉東華從 1990 年進入《經濟日報》評論部時，便開始與企業家打交道，當時他剛從中國社科院研究生院新聞系畢業。他從家鄉的《滄州日報》考入新聞系時，理想是成為《人民日報》的評論員。那是當時中國記者所能想像到的最高成就。但是，之前發生的政治敏感事件斷送這一切，《人民日報》拒絕從活躍份子中招聘新員工。

在研究生導師的推薦下，他加入《經濟日報》。《經濟日報》評論部的主任馮並是他在社科院的學長，他稱之為「老馮」。老馮至少在兩個方面對他影響巨大，第一個方面是，老馮可能是中國官方媒體中最早意識到民營經濟重要性的新聞人之一，正是在他的引領下，劉東華才將重心從原先感興趣的政治與宏觀經濟，轉向到微觀的民營經濟；另一個方面則是，「老馮是三教九流什麼朋友都交」。後來的劉東華同樣如此，他曾經自詡：「我厲害在哪裡你知道嗎？不管是妖怪還是神仙，我都能交上朋友。我就是這樣的人。」

在老馮的支持下，劉東華在1992年底創辦並主持「民營經濟專版」的工作。這個頭腦靈活的年輕人還和全國工商聯一起舉辦評選活動，每年在中國尋找100家優秀的民營企業，再從中評選出10家最佳公司。當時的政治局常委李瑞環也被請來頒獎。這讓他得以結交一批當時中國最早的民營企業家，例如當時有「中國民企教父」之稱的牟其中（註44），曾經被富比士雜誌評為中國最富有者之一的張宏偉（註45）等人。

在他編織關係網的同時，一名《中華工商時報》的女記者胡舒立開始有意識地遍訪當時中國的頂尖金融家和經濟學者。不過，劉東華那時結交的民營企業家在隨後被追問原罪，甚至紛紛落馬，例如牟其中註定要在監獄中為自己辯解，張宏偉在盛極一時之後，開始隱匿在陰影之中。胡舒立當時採訪和結交的金融家，則紛紛成為體系內的金融高官。

胡舒立表示外界高估了自己對權力的接近程度，劉東華則毫不掩飾自己對財富人群的接近程度。他不諱言自己與民營經濟巨人「關係很好」，只不過他會聲明自己沒有借機從中謀取利益。他認為這也是自己能夠在這種關係中遊刃有餘的原因之一：「我只是覺得這些人很厲害，但對他們無所求。和這些成功者接觸的人都帶著各種需求，而我是無所求的。」

他在1996年主動請求接任《中國企業家》雜誌總

編，並且獲得經濟日報社的准許，之後將自己的這項判斷和與中國企業家群體的社交能力延續下來。在當時，雖然這本雜誌在外人眼中已經「爛得不可收拾」，但由於這是一個正局級的部門，仍然不乏有人想要接手。

劉東華說：「夠資格的都不願意來，不夠資格的有幾個人都想來，我是其中一個。後來大家覺得我可能最靠譜。」如果現在的讀者對「局級」沒有感覺，那請允許我舉一個曾經被傳為笑談的例子：《中國企業家》的記者曾經因為對湖南某家公司的報導，而遭到有段時間很常見的「跨省追捕」（註 46），這家公司運用關係讓當地公安局派遣員警到雜誌社帶人。這時雜誌社的一位副總編出面接待幾位員警，然後嚴肅地告知，該地公安機關只是處級機構，在中國龐大的權力組織結構中，處級機構沒有權力到一個局級機構來將人帶走，因此「請你們先到經濟日報社開介紹信」。

他在《中國企業家》最重要的搭檔牛文文表示：「劉東華的價值觀中，認為企業家是社會上最值得尊重、最稀缺的人，他跟這些人天然地親近。」當 2001 年媒體紛紛質疑海爾和張瑞敏時（註 47），劉東華仍然在頑強地為張瑞敏辯護，他的邏輯是：「張瑞敏比我們傻嗎？」

2000 年是柳傳志與倪光南之爭（註 48）的高潮時期，甚至他自己的雜誌都做出同情倪光南的報導，劉東華卻問：「柳傳志心疼並不真正屬於他的聯想，誰來心疼柳傳志？」、「如果最該被心疼的人都沒有人去心疼，恐怕我們的某些規矩和習慣真的該趕快改變。」在這件事之後，柳傳志主動邀約劉東華吃飯，這也是他們兩人第一次單獨吃飯。當時年少氣盛的劉東華一見面就說：「聯想的情況我知道得不少，但《中國企業家》的情況你知道的很少。所以今天主要是我說你聽。」

和大多數媒體人不同的是，劉東華並沒有止步在媒體平臺上。相對於《中國企業家》而言，他的另外兩項舉動對更多人產生更大的吸引力：**從 2002 年開始的「中國企業領袖年會」活動，以及從 2006 年開始創辦的非營利機構「中國企業家俱樂部」。**

2000 年開始推動的「亞布力中國企業家論壇」（註 49），主要的發起人包括泰康人壽老闆陳東升、經濟學家田源在內的人士，劉東華也是其中之一。他是前 3 年的中國企業家論壇執行主席，為活動提供許多資源與支持，隨後他決定在 2002 年將其獨立為中國企業領袖年會（註 50）。

除了個性古怪從不參加媒體活動的任正非之外，所有中國大陸的重量級民營企業家都曾經做過它的嘉賓。2010 年時，中國最大網路公司騰訊的 CEO 馬化騰，甚至選擇在這個會議上宣佈公司的開放戰略。這是劉東華和企業家這個人群建立「命運共同體」關係的方法之一。

中國企業家俱樂部（註 51）成立於 2006 年，可以視為前身的，是劉東華 1997 年為《中國企業家》這本雜誌創辦的理事會。對劉東華而言，在雜誌早期廣告還未能成為營收的重要部分時，每位理事所繳納的理事費是重要的收入來源，同時也是他營造民營企業家命運共同體的途徑之一。當然，對一個媒體而言，這並不美好。

西方的媒體領袖可能會感到匪夷所思，一個雜誌為何要和報導對象成為命運共同體，還要透過這種方式來獲取收益。但是對劉東華而言，他只是發現這個人群的需求，並且去滿足這項需求而已。

中國企業家俱樂部的成立也是由於這種需求。這個非營利機構的秘書長程虹說：**「我們發現這些人有私密聚會的需求，舉例來說，領袖年會嘉賓在臺上的發言當然很重要，但我看到他們在貴賓休息室和餐廳內討論時的熱情。」**如今俱樂部號稱其成員貢獻著中國 GDP 的 4%。

在中國企業家俱樂部與美國外交關係委員會（註 52）的活動上，資深外交家吳建民介紹這個組織時說：「它與眾不同，成員包括中國過去 20 年最好的民營企業家。到今天為止，中國民營經濟總量已經占據了中國一半的 GDP，貢獻 80% 的就業，而只使用 30% 的資源。在座的這些人隨時都致力於扶植中國的中產階級。」在場的聽眾包括時任美國外交關係委員會主席的羅伯特．魯賓（柯林頓時期的財政部長）。他希望這個俱樂部的成員支持一項外交關係委員會的計畫，目的是資助美國的年輕外交官到中國學習和旅行。

「俱樂部成立之後，我跟他開玩笑說，你這是要做中國商界的骷髏會（註 53），可以對歷史進程發揮作用。因為你能推動這群人本身的進化。」他在做雜誌時的一個同事這樣說。

註 44：中國著名商人，曾為中國首富，也曾三度入獄，是中國近代商業史中最具爭議的人物之一。

註 45：中國第一家民營企業上市公司東方集團的董事長。

註 46：指中國地方當局派出公安機關警察力量，跨越省界追捕並拘留在網路上發表舉報信的網友（多半是批評執法部門和當地政府），或是寫作某些紀實文學的作家。

註 47：海爾是中國知名的家電企業，張瑞敏為該公司CEO，當時海爾決定要到海外設廠的舉動曾受到媒體廣泛質疑。

註 48：兩人均為中國電腦大廠聯想公司的核心人物。從1994 年起，兩人在理念上產生分歧，總工程師倪光南主張走技術路線，選擇晶片為主攻方向；而總裁柳傳志主張發揮中國製造的成本優勢，加強打造自主品牌產品。柳倪之爭後來被認為是代表中國企業重視行銷和重視技術兩條路線的爭鬥。

註 49：又稱亞布力論壇或中國企業家論壇，是一個中國企業家的思想交流平臺。2001 年成立於黑龍江亞布力，每年吸引中國各行業的企業 CEO 及活躍經濟學家作為參會的代表與嘉賓。

註 50：由中國企業家雜誌社主辦，與會人士包括中國商界與政界重要人物，致力於推進政府與企業兩大邏輯的對接。

註 51：中國頗具影響力的商業領袖組織，由 31 位中國商業領袖、經濟學家和外交家發起成立。

註 52：美國最有影響力的外交政策智庫，專門從事外交政策和國際事務。

註 53：美國耶魯大學中的兄弟會社團，開始於 1832 年，成員中包含許多美國政經重要人物。

# 2-3 從觀察中發現企業家的情感需求，他一手打造「取暖中心」

2011 年 11 月 16 日晚，楊致遠在史丹福大學美術館，招待到訪美國的中國企業家俱樂部成員吃飯。這是他們在美國正式訪問行程的最後一天，接下來的活動就是到風景宜人的地方打高爾夫球，因此所有人都顯得格外放鬆。他們還在當地的商店購買小瓶裝的茅臺酒，經費來自每次活動繳納的遲到罰款。

楊致遠開玩笑說：「大家如果喝多了酒，桌子椅子隨便砸，可是千萬別動牆上掛的畫。當然不是說我賠不起，只是太貴了。」曹國偉代表俱樂部向楊致遠致辭，端起紅酒杯紅著臉笑了半天才說：「其實我一直不好意思跟人說，Jerry（楊致遠的英文名字）是我的偶像。如果沒有當年的雅虎，就不會有後來的新浪。」

接下來的話題卻沒有這麼歡樂，儘管擔任主持人的俞敏洪拚命嘗試讓氣氛變得活躍。首先是剛加入俱樂部擔任顧問的中歐商學院（註 54）教授許小年，給這群民營經濟巨頭當頭潑冷水，大意是你們很成功，但大部分是受惠於鄧小平的改革開放與中國 13 億龐大的市場，跟矽谷那些美國英雄差得遠。對此巨頭紛紛表示不服氣（或許是觀察者的視角問題，後來當我向俱樂部的秘書長程虹提及此事時，她認為這些巨頭很受震撼，還算虛心）。

劉東華站起來為朋友辯護，歷數他們在當今中國的複雜環境下如何不易，相比於美國的企業界大亨，這些中國人都是創造歷史的活化石，身上的時代烙印和企業家精神要遠遠強於前者。劉東華說：「有很多國際知名商學院找上我，希望我能介紹中國企業家去講中國公司的案例，但我總是說他們太忙了。」

馬雲則引發在場成員吐露內心情感。他感慨中國商人的命運多艱，從古至今幾乎無一善終。眾所周知，他在 2011 年曾遭遇一系列的打擊。在他講完後，所有人開始爭相安慰他，表達自己對這個群體的熱愛和深厚感情，希望朋友能夠永不分離。俞敏洪說，這個俱樂部幾乎可說是他唯一願意參加的社會活動。一名俱樂部成員過來敬酒，然後發表他的評論，認為馬雲就像是在外面受到委屈後，回家向家人抱怨的孩子。

出人意料的是，在眾人難以抑制的情感外露時，劉東華卻一直保持著沉默。他只是看著主持人俞敏洪勸說大家發表談話，並聆聽眾人的感慨。筵席結束後，走在史丹福大學的校園裡，他只說了一句評論：「今天晚上有點意思是不是？」

程虹說：**「東華還有一個想法，想建立企業家的取暖中心。這源於他對這個人群的理解。他覺得這個成功的商業人群其實是孤獨的，對彼此有需求。但他當時身為媒體人，發現媒體給不了這些東西。」**程虹曾經做過 10 多年的平面與電視媒體，後來從山東搬遷到北京。在劉東華和 20 位企業家共同發起中國企業家俱樂部時，她成為創始秘書長。

對劉東華來說，他是扮演連接點，讓企業家互訴自己的艱難時刻，或者讓他們向彼此尋求支持。其中最為知名的是牛根生和他所創辦的「蒙牛」（註 55），艱難時刻從中國企業家俱樂部內部獲得幫助（註 56）。這件事因一家媒體將牛根生致俱樂部理事的一封信公開發表，而廣為人知。

另一個例子是李連杰和壹基金（註 57）。劉東華幫助李連杰在中國企業領袖年會上結識一群企業家，隨後以「社會企業家」的名義，推薦李連杰加入中國企業家俱樂部。當時俱樂部的成員心中確實存在疑問，擔心演員加入商人組織，目的是不是僅為拿到一筆錢，但是劉東華說服了他們。

在中國企業家俱樂部成立的第三年，柳傳志正式擔任理事長。在俱樂部剛成立時，劉東華就力主讓柳傳志來擔任這個職務，但柳傳志一直謝絕。他後來為什麼又接受，是因為「他確實覺得，就商業人群而言，很難再有比中國企業家俱樂部更具代表性的地方，不僅有影響力，價值觀也健康」。

後來，俱樂部理事長幾乎成為柳傳志在公司之外最重要的社會職務。我曾問他為何願意擔任這樣一個機構的領導者，他回答，有兩個原因：一個冠冕堂皇的原因是，**「企業家本身確實需要一個組織，代表商業群體向政府和老百姓發出正面的聲音，讓老百姓覺得，中國不是一個無商不奸的國家，也有人在追求理想」**；另一個原因是「確實多少有點被迫」，由他擔任領導者，在俱樂部是眾望所歸。

馮侖在談到中國企業家俱樂部時說，柳傳志是主要的召集人。程虹也說：「如果其他企業家願意認一個企業家的話，那只能是柳傳志。」無論是什麼原因讓柳傳志成為俱樂部的理事長，他都用領導力為這個機構帶來不同的氣象，例如他的目標感、方向感和務實感。從微小的方面來看，則是從不遲到的紀律性。

註 54：由中國政府和歐盟執委會合辦的國際性工商學院，總部位於中國上海浦東新區，在英國金融時報上的 MBA 排名為亞洲第一。

註 55：中國知名乳製品生產企業。

註 56：2008 年中國爆發乳製品汙染事件（俗稱毒奶粉事件），使蒙牛股價一落千丈並陷入現金流危機，可能因此遭受外資收購，這個困境因中國企業家俱樂部內部出手協助而紓緩。

註 57：深圳壹基金公益基金會，是由李連杰發起的獨立公募基金。前身是在中國紅十字會架構下的非公募公益組織，後來轉至深圳註冊，獲得深圳地區獨立公募基金的資格。

# 2-4 真心認可卻又勇於批判，他成功讓商界大佬們服氣

有個讓所有人好奇的問題是，劉東華為什麼能夠做到這一點，他贏得這麼多財富擁有者信任的秘訣是什麼？我曾經向很多人提出過這個問題。但是從沒有人能夠給出一個讓人滿意的回答。

毫無疑問，劉東華的情商與社交能力確實很高，這一點不僅表現在與民企領導者來往時。他經常提及，在《中國企業家》雜誌工作的 15 年時間內，他在經濟日報的頂頭上司換過四任，但是從來沒有人給他指派過一個工作人員，也從來沒有人試圖影響他，要他在雜誌上做某個公司的報導。光是這一點就足以讓人稱奇。

當他在 2002 年開始做中國企業領袖年會的報導時，曾經有上司表示過猶疑與不滿：「一群民營企業的老闆，怎麼能稱為『領袖』呢？」這在政治上可能是危險的。但劉東華沒有正面與其發生衝突。相反地，他取得包括經濟學家成思危（註 58）與陳錦華（註 59）在內的更高級別政治家的支持，悄無聲息地消除上司的疑慮。「我在駕馭

他們的容忍度。」他談到以前的上司時這樣說。

另一個不只一人提過的原因是，**他並不功利，從不急於將自己掌握的巨大資源變現**。劉東華喜歡用「乾淨」這個詞，在與這些富有的企業家交往時，他的不功利成為保持自尊的重要方式。雖然企業家手中掌握著巨大的財富與資源，但是當結交者並非有求於人時，這種以巨大財富和資源構築的優勢就不明顯了。劉東華有一次在酒後說，即使有人願意花 100 萬要他寫一篇文章，他也只會要對方走開。

不過，真的有人願意給他 100 萬。他表示自己在這些年曾幫朋友們促成一些事情，其中有人願意以金錢來酬謝他，於是他請對方為中國企業家俱樂部提供註冊資金。除此之外，他聲稱自己至今家庭資產仍為負數。即使是在外人眼中隱藏著巨大利益的中國企業家俱樂部，劉東華也沒有從中獲取過直接的物質收益。

從這個組織成立開始，發起人定下的規則就是永不分紅，而劉東華也不會從中拿取一分報酬。他說：「絕大多數理事都不知道為什麼我能如此有自信，但是人家越瞭解，越會覺得東華這小子在境界上還挺牛的。」

劉東華知道外界對自己的看法，「很多人不知道實情，只覺得東華不過是跟那幫人關係不錯，因此大家比較信任他，讓他牽個頭」。他自己則對這個俱樂部有更高的期待。

當有人問到，這個組織是否有可能成為類似外交關係學會，和布魯斯金學會這類與他們來往密切的國際組織時，柳傳志的回答是現在談論這些還為時過早，劉東華則說，這只是過程和不同階段的問題，這種自信也是他最大的支柱之一。他有一次曾說過：「我一個窮人，為了讓你們更富而付出生命和最大努力，我有毛病啊！那是因為你們都是給社會拉磨的驢，我這樣做是想讓你們拉得更好一些。」

他認為自己的能力與貢獻並不輸於來往的企業家，但是他很少獲得回報。所以，「我確實一直有種因自我犧牲帶來的優越感」，「說句吹牛的話，他們有時更需要我，我未必那麼需要他們」。

第三個原因是，**他在價值觀上極度認同這些民營企業的創始人和領導者**。正如搭檔牛文文提到的，劉東華認為他們是中國最有價值的人，是「中國經濟真正的脊樑」。「改革開放後，你不必再以暴力推翻別人，只要到工商局註冊一個公司，就可以成立王國。王國能做多大，取決於你滿足市場的能力。」

劉東華相信國家的競爭力在於經濟，經濟的競爭力在於公司，而公司的競爭力則取決於企業家。程虹評價說：「他特別懂這群人。」他能讓柳傳志和王石落淚，能夠安慰馬雲和張維迎。此外，**「他願意以更柔軟的身段和姿態去做一些服務性的事」**。

但是他的態度與方法並非讓所有人讚歎，也會受到一些非議。其中有些人是在價值觀上不認同他。《中國企業家》雜誌號稱要描述「一個階層的生意與生活」，一直都被部分新聞人指責為不夠客觀與中立，身為領導者的劉東華難辭其咎。還有人將他推動創立的中國企業家俱樂部描述為「既得利益者俱樂部」。

但是程虹為他辯護：「我覺得舒立和東華在做同一件事情，就是推動中國商業進步和制度進步。只不過，舒立表現得像一個嚴父，而東華反倒像個慈母。」儘管在外界看來，胡舒立和劉東華是截然不同的兩種媒體人，一個被描述為勇敢的黑幕揭發者，另一個被認為是企業家階層的代言人，但兩人卻是關係很好的朋友。

即使是在這個圈子內部，他也會遭到指責。很多時候這是因為他的強硬態度，或是他在無意間表現出的優越感。劉東華喜歡說：**「欣賞你到靈魂裡，批判你到骨子裡。」**但是大多數人顯然更喜歡前者，不喜歡後者。在中國企業家俱樂部內部，他和部分成員之間的關係曾經陷入緊繃。其中一名企業家在私下抱怨說：「我們讓你來做這件事是來服務我們，而不是當老大。」

程虹說：「東華的柔軟度夠，但以他的強勢是不行的。那些企業家有時也不舒服，感覺像是被槍頂著，或是被拽著領帶往前走。當一群男人都想做精神領袖時，這事還是很難搞的。」但是她認為這不會妨礙這群男人之間的關係：**「他們偶爾會爭吵得面紅耳赤，通常說話都不大會留面子，但不影響他們是密切的朋友。」**

他的老搭檔牛文文在創辦的公司第二次融資後，曾經說過一句話：他贏得錢的認可，而劉東華贏得人的認可。無論如何理解，這句話說明劉東華被這群人認可的程度。他的一個前同事說：「你在西方找不到他這樣的媒體人。」

註 58：中國著名經濟學家，曾任中國民主建國會中央委員會主席，與全國人民代表大會常務委員會副委員長等職。

註 59：中國經濟建設領域的重要政治人物，曾任第九屆全國政協副主席、國家計劃委員會主任、中國企業聯合會名譽會長等職。

# 2-5 始終堅持為企業家服務，為新創公司打造 3 億人民幣估值！

「什麼，劉德華？」「不是劉德華，是劉東華。」「哦，沒聽過。」在正和島內部年會上，這個創業公司的客戶拓展部門員工以娛樂的形式這樣調侃。他們的工作是說服客戶 1 年支付 2 萬元使用正和島的服務，於是將拓展客戶過程中碰到的各種情況，編排成一個小品。

其中一名潛在客戶以為這是房地產專案；另一名客戶倒不在乎 2 萬塊，相反地，她拿出數倍於這個數字的錢，要求正和島幫忙安排和柳傳志吃頓飯；一名客戶的 3 位女秘書在聽完這不是劉德華創立的公司後，失望地放下電話。光明的結局是，《中國企業家》雜誌的讀者和劉東華的商界粉絲，愉快地成為正和島的用戶。

在劉東華 48 歲時，出人意料地選擇從頭開始創辦一家公司，而不是在既有的軌跡上前行。他演講時的熱情與蠱惑能力、在商業世界的深厚人脈，以及與企業家往來時的無縫連結，都讓人以為他會繼續扮演一個成功的活動家和佈道者的角色，這也是他駕輕就熟的角色。

如果他想要做培訓公司，不見得會輸給劉一秒（註60）。他甚至有能力辦起一所商學院。在這之前，熟識他的人則認為他會成為中國的克勞斯．史瓦布（世界經濟論壇創建者）。「這只是表面，大家看到我做的是史瓦布做的事。但我從來不滿足於只做佈道者。」劉東華則說。

他的企業家朋友成為公司投資者，根據融資額來看，據說公司剛成立時估值就達到 3 億人民幣。**按照我的理解，這個新公司可以描述為較為封閉的高端社群網路，目的是為成功人士提供有價值的資訊、觀點和社交關係。**

據劉東華的說法，它會是「網路汪洋大海中的安全港灣」。他說：**「回過頭來看，我 20 年做的是同一件事，就是為企業家提供服務，只不過我不停地尋找最佳的模式和載體。」**這也是他最大的變化，他開始反覆提到「服務」這個詞。在此之前，這對於以佈道者自居的他來說是不可想像的。

有很多人抱怨，因為他們不知道正和島究竟是什麼，以及在做什麼。劉東華以他一貫的自信口吻說：「有那麼多人在不確切知道正和島是什麼的情況下，就成為正和島的會員，這也很有意思。」

就像其他公司一樣，這個新公司的年會不外乎公司領導者的新年問候、員工節目表演、抽獎和發紅包，平常至極。不過，一貫善於鼓動人心的劉東華，不會讓年會從喧囂轉為沉默。在賣了足夠多的關子後，他宣佈將要給一名優秀員工頒發特殊獎項，這件事他一直保密到最後關頭。

特別獎是一輛價格近40萬人民幣、頂級配備的Volkswagen Tiguan休旅車，被獎勵給公司一名表現突出的總監。包括受獎者在內，當時所有人都陷入由震驚帶來的沉默。畢竟，這只是一個剛剛開始創業的公司，還沒有實現設想中的巨大利潤。

無論其他人如何看待，他現在就是想獲得巨大成功，以此來獲得他那些朋友擁有的「巨大現實掌控力」。據說，因寫作《知識英雄》而成名的劉韌（註61）有一次在飛機上碰到劉東華。劉東華說：「劉韌啊，你可以成為非常好的記者。你放棄了真可惜。」劉韌拍拍頭等艙的座椅，對他說：「劉社長，如果繼續做記者，我現在怎麼能坐到你身邊呢？」

現在輪到劉東華作出選擇。光是佈道已經不夠，他想要創造一個有噸位的肉身，無論在別人看來，這件事情成功的可能性有多小。儘管他在外面聽到懷疑的聲音，但他自信滿滿，且不留後路，「如果正和島失敗了，劉東華死無葬身之地。」他自己這麼說。

註60：中國知名的中小企業創業導師。

註61：中國知名記者、作家與投資人，1993年進入IT業，長期致力資訊產業深度報導。著有《中國.com》、《知識英雄》等多部書籍。

## 單元思考

劉東華在 48 歲時，出人意料地選擇自己從頭開始創辦一家公司，而不是在既有的軌跡上前行。他演講時的熱情與蠱惑能力、在商業世界的深厚人脈，以及與企業家往來時的無縫連結，都讓人以為他會繼續扮演一個成功的活動家和佈道者的角色，這也是他最駕輕就熟的角色。在這之前，熟識他的人則認為他會成為中國的史瓦布。劉東華說：「這只是表面，大家看到的是，我做的是史瓦布做的事。但我從來不滿足於只做一個佈道者。」或許正因為這樣一個佈道者身份，在這過程中深刻洞察企業家的所思所想，瞭解這個人群互相來往交流的需求，讓劉東華毅然決然地擺脫旁觀者的身份，創辦一家服務企業家的企業。

NOTE

/ / /

NOTE

/ / /

“

**你的時間有限，所以不要為別人而活。不要被教條所限，不要活在別人的觀念裡。不要讓別人的意見左右自己內心的聲音。最重要的是，勇敢地追隨自己的心靈和直覺，只有心靈和直覺才知道你的真實想法，其他一切都是次要。**

——賈伯斯（美國蘋果公司聯合創始人）

”

Chapter 3

AI時代企業　創新工場

# 李開復論述 AI 時代，投資企業的標準是……

**談健康**

如果你只有 30% 的機率能活 10 年以上，就要思考如何把 30% 變成 60%，什麼情況下 30% 會變成 10% ？答案是飲食、運動、睡眠跟壓力的問題。如果這幾方面都做到 80 分，也許就能提高存活率。

**談影響力**

如果做什麼都精細地去算如何讓影響力最大化、盡可能改變世界，把這些當作一切的動力，這肯定不對。因為我們憑什麼狂妄地說能改變世界？世上未知的東西那麼多，我們怎能傲慢地評估自己的影響力，妄想改變世界？

**談新科技**

物聯網時代肯定會來臨，一旦普及後，就會產生很多你難以想像的東西。「行動裝置 + 網路社群 + 即時 + 地理位置」帶來今天的共享經濟，未來各個不同領域都會帶來巨大改變，會持續發生一波一波的浪潮和巨大的震撼。

**談投資**

當你透徹地分析過一個領域，也確實處於領跑位置時，或許應該多投資一些公司。只要做這個領域的人足夠優秀，就可以投資。如果他做的領域已經有一定發展，人也很優秀，創業的項目又不是必然失敗的，那就多投資點。投資時不顧忌不同的對象之間是否有點競爭，只要不是完全一模一樣就可以。

**談壟斷**

企業在壟斷初期確實有很大的經濟效益，有助於用更小的資源獲得更大的成長。但是壟斷也存在問題，需要有一定的壟斷法來制衡。

政府反壟斷的速度永遠趕不上科技的速度，但卻具有呵斥作用。長期來看，科技發展才是壟斷的真正顛覆者。

**談創業**

高科技創業必須有技術和經驗，創業者屬於少數。全民創業其實不光是在網路領域，也會在服務業中大量出現。每個科技潮流帶來的新變革，都會讓小公司有相當大的優勢，因為小公司不存在「創新者窘境」，它的文化跟年齡會產生更大的動力。

隨著科技潮流的滾動，新的公司會起來，舊公司的成長曲線會平緩下來，給創新公司更多的機會。金錢只能讓你延遲在燦爛陽光下的時間，但要跟科技的潮流賽跑，沒有一個公司可以跑贏。

# 3-1 罹患四期濾泡型淋巴癌，讓他重新思考工作與成功的意義

“

## 李翔按

2016年年初，李開復老師帶著創新工場投資的一些創業者前往矽谷，我也有幸同行。那段時間我正處在彷徨和迷惘的階段。做了超過10年的報紙和雜誌，在網路浪潮的擊打之下，的確有些不知所措。一路上我受到他不少關心和指導，也增進很多對他的認識。

毫無疑問，李開復首先是一個傑出管理者和投資者，這從他過往的經歷可以看出來。他親身經歷過幾個代表性的科技公司，包括蘋果、微軟和Google。他創立創新工場，又親歷中國的創業熱潮以及行動網路大潮。

其次，他是一個敏銳的科技行業觀察者。每一次聽他談論大公司的起伏、科技行業的浪潮變遷，我都受益匪淺。

再者，讓我印象最深刻的是，他真的是一個

天生的導師。對於年輕創業者，他總是態度友好，又能提供讓人受益的建議。他的熱心、人脈和閱歷都讓他特別適合擔任導師。因此，我在矽谷聽說他離開 Google 後，原本是想創辦一所大學，倒覺得毫不意外。而且，在私心裡，我甚至還認為他應該去做大學校長。

”

尤金．歐凱利堅信自己可以成為更好的 CEO。

他透過冥想和不斷地追問內心，感覺自己越來越隨心自在，並且正在抵達生命的完美。他正在經歷一次人生挫折，但覺得自己從挫折中所獲甚多，學會更加注重當下，也不再刻意劃分家和工作的界限。在高爾夫之外，他開始喜歡上滑雪，雖然這項運動與他會計師的性格並不相符。這是一項確定性沒有那麼強的運動，滑雪者需要依據地形而動。歐凱利說：「滑雪允許犯錯，更加寬容。在滑雪場上，你可以屢屢犯錯，但還是能滑出佳績。」

他對現實的感受變得更加細膩，因此更加喜歡現實。在打高爾夫球時，「我喜歡風拂松梢的感覺，就像海風掠過水面和海洋一般。我還能聞到松樹沁人心脾的清香。百鳥盤旋，鳴聲嚶嚶，紅藍相間的羽毛無比豔麗」。

他反問自己：「如果在之前的生活中，我能夠讓這種隨心自在發揮得更加淋漓盡致，結果又會如何呢？生活的每一天都能隨心自在，又會怎樣呢？我會因此而喪失在商界的成功嗎？」他的結論是：「當年如果能有現在的覺悟，我能成為更加出色的主管。」他相信自己會更加具有創造力。

他看來已經相當成功。他是美國四大會計師事務所之一KPMG的CEO，管理超過20000名員工。當美國總統打算邀請知名的CEO到白宮做客時，他必定會在名單之中。每天排在日程中等待和他會面的，都是商業大亨和知名公司的CEO。這些人可能是他的朋友或客戶。

現在他發現可讓自己成為更好CEO的方法，或是哲學，但唯一的問題在於，此時距離他的生命結束只剩3個月的時間，也許更少。因為他的大腦被醫學無法治癒的腫瘤占據。

在商業精英俱樂部中，另一名身患癌症成員安迪·葛洛夫的經歷則是另一種類型。

他以一種充滿懷疑的精神，搜羅並瀏覽過幾乎所有關於前列腺癌的論文。白天他照常工作，工作閒暇就打電話給這個領域的權威醫生。葛洛夫說：「晚上，我閱讀醫學論文，總結其中的資料，或將不同文章的資料進行比較。一開始，那些論文混亂得讓人吃不消。但我越往下讀越清楚，就跟30年前學習半導體時一模一樣。這多少在我這次挺嚇人的經歷中，增添一種奇怪的樂趣。」

他比較過兩種治療方法的優劣：手術和放療，以科技企業家特有的方式，也就是機率，來計算手術這項公認的首選治療方法效果如何。「如果沒有囊外擴散，數字顯示假設給我做手術的醫生很棒，10 年內的復發率只有 15%。如果有囊外擴散，10 年內的復發率則達 60%，而我有 60% 的可能性屬於後者。這表示我在 10 年內的復發率為 40%，這個比值並不讓我滿意。」

他和 15 位醫生、7 位患者認真交談過，其中包括主張並施行不同療法的醫生，以及接受過不同療法的患者。有時會有些惱火地發現，患者和醫生的說法並不一致，甚至大相徑庭，例如在描述手術治療法後遺症時，患者表示苦不堪言，而醫生則宣佈大為成功。他抱怨這種現象絕對不會出現在自己所處的行業。

他拜訪過主張放療法的醫生後，還在幾種放療法中再做比較：他將兩種治療方法寫在紙上，稱之為病情的資產負債表，然後從中選擇「聰明彈」放療法。這種治療方法採用將高劑量種子短期植入體內後取出的療法，可以計算並控制放射性種子在體內的時間。

然後，他十分得意地說：「一共加起來，我只請了 3 天假。隨後大概經過 2 週，我就一切正常。然後開始體外放療階段，這是一種補充治療，共做 28 天，每天只不過花幾分鐘，卻實在很麻煩，讓我最惱火的是，我的體重增加了。」

葛洛夫這段對抗癌症的經歷非常著名。他把自己罹患前列腺癌的故事發表在《財富》雜誌上。在他知名的著作《唯偏執狂得以倖存》中，他專門花一章來講述這個故事。他的傳記作家理查·泰德羅開玩笑說，英特爾的員工得知老闆連前列腺癌也只請 3 天假，都不好意思因感冒而請假了。史蒂夫·賈伯斯在獲悉罹患癌症後，第一時間就打電話給葛洛夫，而葛洛夫陪他 2 個小時，並且提供自己的建議。

本文的主角李開復則介於這兩者之間。這位知名的商業精英和葛洛夫一樣，在接獲醫生宣判罹患四期濾泡型淋巴癌後（他體貼地對筆者說，關於濾泡型淋巴癌的具體解釋，可以在網路上查到），也選擇自己的研究方式。他查詢醫學網站來確認自己的病情嚴重程度，得到的結論是關於癌症一到四期的分類方法其實並不科學，並透過這種方式重新找回樂觀。這是成功的創業家和克服癌症的患者都必須具備的重要素質。

當然，他和葛洛夫一樣戰勝癌症，而歐凱利和賈伯斯很不幸地都沒有成功。不同的是，葛洛夫對自己只請 3 天假的事情十分自豪，然後再過 28 天後，「我挺過來了，不再有什麼激素反應、放療和午睡」。在放療後 3 週，他還按照原訂行程，在日內瓦 1995 年世界無線電通信大會（註 62）上，進行生涯中最重要的一次演講。

李開復則花費 17 個月，才回到創新工場位於北京中關村鼎好大廈的辦公室。在這段期間，他只能在臺北透過視訊來參加創新工場每週的會議，而且在回歸工作後調整自己的工作。他聲稱自己只會用一半的時間在工作上，並希望像安排好工作一樣，安排好壓力和健康。

**李開復和歐凱利一樣，重新發現生活這回事。**他的感官被重新打開，現實向他呈現出除了成功以外的其他美好。2 月 13 日，他在北京家中與媒體交流時，講述這樣一個故事：「幾個月前我去朋友家做客，一進門，覺得他們家的桂花好香，家裡佈置得好漂亮。我說，你家佈置得很好，這個躺椅真棒，讓人很想去躺一躺。他說，我家一直是這樣啊。我說，你家不是剛裝修嗎？他說，你都來我家好幾次了，怎麼會這樣說？你以前是不是都不太關心這些？每天腦子裡在轉的都是，創業啊，投資啊，過了 30 分鐘還沒發微博啊，Google 發生危機了，來了個什麼人啊。你現在是不是終於可以聞到桂花香、看看風景了？」

當時，臉上長滿包包的汪華坐在李開復旁邊。在他缺席北京創新工場的 17 個月時間裡，汪華是創新工場投資方面最重要的領導者，以聰明和不修邊幅著稱。李開復看著汪華對大家說：你看這時就要注意，因為這是免疫力低下的表現之一。不過他馬上補充說：汪華可以放心，這不是帶狀皰疹，我現在能夠認出帶狀皰疹。在被確診罹患癌症前，他也曾患上一次嚴重的帶狀皰疹。

他甚至開始談論自己從前是否過於功利。**他開始重新**

**思考自己透過著作傳遞出的價值觀：最大化影響力、做最好的自己，以及世界因你而不同。**

3 週後的 3 月 5 日，我在創新工場的北京辦公室內再次專訪李開復。卡夫卡說，疾病是一種恩惠，它給我們提供經受考驗的可能性。正如我們之前所看到的，儘管歐凱利已經確切知道時間所剩無幾，仍然認為疾病是生命送給他的禮物，並寫下在病中的感悟。葛洛夫戰勝了疾病，同時將自己的患病經歷發表出來，先是在《財富》雜誌，接著在他的暢銷書《唯偏執狂得以倖存》中。同樣，李開復也沒有避諱談論自己的疾病，以及疾病給他帶來的改變。

當然，這場疾病在 17 個月前宣佈時引發的轟動效應，到今天也沒有完全停止。這不光是因為李開復的身份，他是中國人最熟悉的商業世界面孔之一，也是微博上影響力最大的公眾人物之一；不僅是因為這場疾病毫無預兆地突然到來，和李開復在疾病面前表現出的謙卑；也不只是因為這場病使創新工場必須離開李開復，單獨運轉一段時間，而且當時沒人知道這段時間會延續多久（這同樣是一個精彩的故事，一家機構突然必須在同時擔任創始人、CEO、形象大使和精神領袖的重要人物缺席的情況下單獨運轉，它如何正常營運並保持團隊的士氣，如何在空前激烈的競爭中不落後於對手）。當時，複雜肅殺的輿論環境讓李開復的病顯得不那麼單純。

**在李開復離開的這 17 個月中，他早已看到的科技創**

**業和創富的瘋狂勁頭並未平緩**。中關村一條被命名為創業大街的街道開始廣為人知，並且變成創業精神的符號。阿里巴巴在紐交所的公開上市，刷新 IPO（註 63）融資額的歷史，並且成為僅次於 Google 的全球第二大網路公司。BAT 三巨頭（尤其是騰訊和阿里巴巴）正在進行大掃貨般的收購，彷彿要買下整個中國網路一樣；包括陌陌（註 64）在內的新行動網路公司閃亮登場；小米一度成為全世界估值最高的未上市科技公司；在行動裝置上的爭奪戰越來越激烈，包括微信和支付寶的行動支付之戰、滴滴和快的兩家打車程式的燒錢戰爭（隨後又在 2015 年情人節宣佈合併）、美團和大眾點評的競爭（註 65）。新興公司正在競相發佈 17 個月前可能難以想像的融資額，也有人懷疑其中部分公司在融資額上作假……。因此，對李開復的訪問當然不可能不談及這些正在發生的事情。畢竟，他是中國網路世界最有發言權的觀察者之一。

好的，現在，李開復先生，歡迎你以更平靜的心態回到這個更瘋狂的世界！

註 62：由國際電信聯盟組織的世界無線電通信會議，修訂、審校無線電通信規則，以及有關無線電頻譜、同步衛星和非同步衛星軌道等國際條約。

註 63：Initial Public Offerings，指首次公開募股，又稱首次公開發行、股票市場啟動，是公開上市集資的一種類型。透過證券交易所，公司首次將它的股票賣給一般公眾（可分為個人或機構投資者），並藉由這個過程轉為上市公司。

註 64：一款基於地理位置服務的手機社交應用程式。用戶可以透過這款程式向附近其他用戶發送訊息與所在位置資訊，也可以參與群組討論或在當前位置打卡。

註 65：美團以團購起家，而大眾點評則是以在地生活資訊為主，後將業務延伸到團購領域，兩家企業隨後於 2015 年 10 月合併。

# 3-2 面對重症疾病，該思考的是什麼？

**專訪李開復**

Q：李翔

A：李開復

## 談病情

## 最危險的時刻、恐懼感、閱讀與治療

Q：之前聽說，治療過程中您曾有大出血的經歷，情況很危險。您在那一刻的內心想法是什麼？

A：流完了就沒了（笑）……

其實挺搞笑的，因為那次我大出血時，不是內出血，而是人工血管沒做好。照那個速度，估計不需要很長的時間血就會流光。這次大出血不是因為我的病況很嚴重，而是因為手術後沒處理好傷口。一個非常大的人工血管被拔掉後，血就射出來了。

那時候，我妻子、姐姐和姐夫都在隔壁。我就喊，流血了，趕快叫人，完蛋了。你知道發生什麼事嗎？他們哈哈大笑起來。

Q：他們以為你是開玩笑？

A：因為我平常太常跟他們亂說話。我說，真的，快點快點。他們又笑起來了。一直喊到第三次，我妻子終於進來，（然後）趕快出去找醫生、護士。她出去找醫生時，其實我自己覺得也沒什麼，就是在想該怎麼辦，沒有真的覺得會死掉。

Q：那算是最危險的時刻吧？

A：那件事讓我覺得，其實人的反應真的很慢。我順便教你們一下，萬一哪天有大出血的話，你要拚命把它按下去。電視裡都是不對的，流血了只是遮住。不是這樣的，必須拚命按回去，要不然就會射出來。

那是一件我覺得事後想想很搞笑的事。以後不要再做放羊的孩子，老是騙人。

Q：沒有恐懼感？

A：還沒想到那裡，一共也就是 2 分鐘的事情。恐懼感應該是當醫生說我的癌症是四期時開始有的。我本來想說四期就是要死了嘛，結果發現他們的診斷並不科學。簡單地說，就是把淋巴癌分成一期、二期、三期、四期，上網搜一下就知道。這四期代表病情的嚴重程度，不嚴重、比較嚴重、很嚴重、快死了，這種分法很容易讓病人聽懂，但一二三四並不是真的很好預測，我覺得這其實是非常不嚴謹的做法，會產生誤導。你跟癌症病人說是四期，肯定都被嚇得不輕。你有沒有看過淩志軍的《重生手記》（註 66）？癌症病人三分之一是被嚇死的，三分之一被醫死的，只有三分之一是因為病情嚴重而死去。

Q：你讀過《重生手記》？

A：是，他送給我後，我一直放在書架上沒看，一生病就讀了，發現他寫得非常好。其實我得的這種濾泡性淋巴癌，要精確評估存活的年度，必須看下列幾項。第一個是 IgG（人體的免疫球蛋白，對免疫力有重要作用）；第二個是叫 LDH（乳酸脫氫酶）；第三個是要看腫瘤有多大，6 公分是重要的分界線，如果一個腫瘤長到 6 公分，代表情況不妙。第四個是要看有沒有進入骨髓。此外還看一些其他因素，例如年齡。

我自己去查過這些東西以後，發現我的 IgG 是正常的，LDH 偏高，大小沒到 6 公分，也沒有進骨髓，所以我重新算了一下。假如依照簡單的分類法，一期沒事，二期有點嚴重，三期很嚴重，四期是要死了，我大概是二．五期。

所以，當我說服自己是二．五期，並用數學公式算了一下，根據過去 1000 個病患的例子，我得到以下的數據：我還能活 5 年的可能性有 50% 左右，活 10 年的可能性約 30% 左右，聽起來就沒那麼恐怖。**其實就是用科學的過程來說服自己，順便也瞭解醫學界的不嚴謹。**幸運的是，我看到 50%、30%，覺得聽起來機率似乎挺高的。

如果有人跟你說，你有 30% 的機率能活 10 年以上，70% 不能，你聽了當然會不愉快。不過，下一步問題就會變成：如果要把 30% 變成 60% 該怎麼辦，什麼情況下 30% 會變成 10% ？答案很簡單，好好照顧自己。**這就是飲食、運動、睡眠跟壓力的問題。如果我都做到 80 分，也許 30% 存活率就會變成 70%。**情況就是這樣。

Q：請問您有沒有重新去看類似英特爾的葛洛夫寫自己罹患癌症的書？

A：沒有，坦誠地說，從來沒看過。我看了很多書，包括歐凱利的《追逐日光》。他是 KPMG 的 CEO，從確診到生命結束只有 3 個多月，書中紀錄他如何過好每一天，活在當下。我也讀過一些宗教、神學、哲學、心靈、醫療題材的書籍，學習如何幫助脫離悲傷之類的。看過很多養生書，還有太極拳、甩手功、氣功、中醫針灸等，有的醫生還叫你吃薑、打果汁。我沒有全都照做，只是全部看過一遍，判斷自己該做什麼。有些做起來很困難，有些嘗試一下就放棄了，有些則覺得不要嘗試。

我上網查過各種資料，哪些營養品可能幫助抗癌，因為這些資訊也不是十分確定，我就英文和中文都找，買了一堆大家公認的營養品回家。我家裡有一個櫃子，拉開一看，兩個抽屜裡擺滿了藥。當時我經常去美國採購，女兒幫我帶一些回來，有些直接空運，有些則是在臺灣或者其他地方買。什麼維他命、靈芝、孢子粉、胡蘿蔔素、魚油，還有臺灣一個神秘醫師送來的藥，說是能幫助提升抵抗力……。後來因為怕重複吃，就把每天的藥放在一個盒子，再後來那個盒子不夠放了，我又買來各種不同的盒子放在桌上，每天打開來，這麼大一把的藥。我妻子說，你藥吃這麼多，早飯都吃不下，簡直是把藥當早飯吃。她很擔心，就去詢問我的醫師。醫師問：「你今天吃幾顆？」我說還好，20 多顆。醫師說：「太多了，你讓我過濾一下。」最後，他說維他命 B 還有另外兩樣是可以吃的，其他的不要吃。

註 66：中國資深記者，著有多部財經相關的暢銷書籍，他所著的《重生手記》則是關於他自身被診出罹患晚期癌症後如何選擇正確的醫療方式，最後逐步康復的過程。

# 3-3 面對網路酸民，該如何調適心情？

## 談疾病帶來的改變
## 工作安排、控制情緒和對疾病的接受

Q：您回來之後，我們也見過兩次，經過這麼大的變故，您好像也沒有重新規劃自己的人生。

A：其實有。我說過 50% 的時間用來工作，但並不是每天工作 4 小時。我上次見你的那週，工作排得比較滿，但之後我就去歐洲瞎逛，去購物、逛景點、吃美食。你看我發的微博、微信就知道。我會調整自己，讓自己放鬆，目標是強度平均達到 50%。

這次我們談完，明天我就要回臺灣。回去後，我沒有安排任何行程，接下來 1 週幾乎都沒事。我打算放下工作，去爬爬山、陪陪家人，還要做個體檢。

另外就是工作的強度跟力度。我給自己的定位是，我不會插手去干涉創新工場的工作，他們在過去 17 個月裡做得很好，我會繼續放權給他們。我想做的幾件事其實很簡單，第一是成為創新工場的對外窗口，無論是對傳統媒體、社交媒體，或者是投資人，我可以多花點時間，這是可以輕鬆做到的。跟你們聊不會讓我繃得很緊，因為不是跟大公司投資部談條款，這是完全不一樣。

第二，我可以利用過去的人際關係，去看看全球化發展的機會跟潛力。例如，去矽谷看看那邊的投資人，或者去我幾個老東家的高管那裡看看，然後找找海外有沒有很優秀的華人回來創業。或者是尋找對接的機會，看中國有什麼地方領先矽谷，而矽谷有些什麼好的想法可以帶回國內。這些我覺得也可以輕鬆完成。

第三，如果要幫助我們投資的公司，最能提供幫助的應該是規模較大的公司，例如正處於從 100 人發展到 1000 人這個階段的公司，而不是正從 3 人發展到 30 人的公司。我較傾向於挑選這些公司來進行協助，因為這種公司比較符合我過去的經驗。這一次我們剛去過豌豆莢（註 67），跟他們談談戰略、發展、機會和挑戰。整個團隊有 300 多人，跟他們大概聊了 1 個小時，聊我對未來的預期，以及對他們的認識和建議。

最後一點就是真正恢復創新工場領導者這個身份。

領導者一定程度上是一個象徵，只要我人在這裡，大家的心就會踏實一點。當然，有一部分工作是要明確釐清創新工場到底是什麼？我必須關注每個員工，聽他們的想法跟建議，並綜合戰略和方向。這已經超過設定的 50%

工作量，不能再多。

其他的細節我就不管了，像是與創業者見面、分析評估，都由他們去做，我只負責最後把關。而且把關是跟合夥人一起負責，不是我一個人。這樣壓力也不會太大。

Q：您是否有控制情緒的方法，可以讓內心平靜？

A：有，其實就是不要讓工作形成太大壓力。看到團隊做得很好，我就放心了。另外，要意識到身體最重要，然後培養一些習慣，不要每天把行程排得滿滿的，甚至不要安排行程。要學會觀察、體驗、享受人生美好的事物，包括跟家人一起，去爬爬山、聽聽音樂、讀讀書、看看電影之類的。

我回想以前緊繃的時候，幾乎只有看電影才能放鬆。聽音樂不行，洗澡也不行，爬山、走路或其他運動都不行，跟家人在一起也不行。他們講他們的，我想的還是那些，老是圍著公司的事情轉，這本身就是最大的壓力。

你肯定不知道以前我的壓力大到什麼程度。當時我的背後有兩根脊椎，一根是真正的脊椎，還有一根是因為多年的工作姿勢和壓力，讓肌肉痙攣，扭曲成硬棍。我這17個月有個很大的成就，就是讓這根棍子消失，因為狀態不再緊繃，再加上按摩和運動等，慢慢就好了。

Q：網路上一直有一些關於您的傳言，有些涉及政治，也有些關於個人的惡毒內容。您曾聽到或者看到這些傳言嗎？那時候反應是什麼？

A：我在生病後就沒怎麼看微博，因為我覺得這會產生很大的負能量。你看到一大堆負能量，會感覺苦惱、煩心，甚至是生氣，於是產生壓力。壓力會讓你繃得很緊，然後抵抗力就會下降，什麼帶狀皰疹、癌症又來了。這些東西我都放下了。我對創新工場有一定的責任感，但已經做到了 50%，對我自己的事要做到平常心對待，要做有意義的事。其實，我並不是完全沒有聽到那些流言，而是學會放下後，便不再在乎，不關注也不會回應。

Q：您生病之後，其實我一直很好奇，您怎麼看待網路上對您的病或個人的惡意評價？

A：微博、微信、朋友圈我基本上都不上了。所以很抱歉，雖然很多人都說網路上寫了什麼，但我真的沒看到，即使看到也不會生氣。我覺得重點在於過好自己的日子，然後好好地、開心地活著。我不再關注這些，就算別人誇獎，我也看不到，也不會特別把自己當一回事。

Q：剛得知生病時，會不會擔心創新工場的事？

A：當然會，因為我過去參與很多事，會在意後續的發展，而且不知道投資人會不會繼續投。如果投資人知道我是癌症四期，又沒有深度理解真實病況，我不知道他們會不會繼續投入，所以沒敢跟他們說這些。當然，如果我真的是快到末日，還是得跟他們說。不過我自己研究發現，還有 30% 左右的機率可以活 10 年以上，感覺應該還好，就趕緊把自己養好。

**當時有很多未知數。但實際上真的顧不了那麼多，留得青山在，還怕沒柴燒嗎？萬一身體不行了，連本來不用擔憂的事都會變成煩惱，所以要先養好身體。**團隊也祝福我早日康復，他們很少問問題，好消息會偶爾說一下，也不要求我做任何事，讓我專注地投入休養。

Q：您剛才說剛開始時確實有些擔心，那是如何緩解這種擔心？

A：當你碰過特別巨大的挫折後，其後的新挫折會顯得比較小，也不會過度感到壓力。這些跟我以前面臨過的微軟官司（註 68）、方舟子的問題（註 69）、或在 Google 時的問題，相對來說都不算什麼，因此對公司並不是很擔憂。以上所提的這些挫折，其實跟癌症相比也是微不足道，哪怕只是二．五期的癌症。

Q：還是想問一下，在醫生告知這件事後，您的第一反應是什麼？我記得您那時還在承德開公司年會？

A：那時其實還沒有確診，只是懷疑。**以人的正常反應來說，第一個反應就是問「真的？」確定它是不是真**

**的。接下來，找各種方法安慰自己「應該不是真的吧」。**我還去看很多五花八門的醫生，包括中醫、西醫，弄各種儀器來測，反正希望聽到越多安慰越好。在確診後，一方面開始想：為什麼是我？我做錯了什麼事情？然後談條件，如果是因為做錯事而得到懲罰，那以後不做了，讓我活下去好不好？就是這種心理過程。另一方面，當然是查科學資料，同時進行這兩件事。

在確診後，我有一段時間心情相當低落。但是一方面查出來不是真的末期，並不是真的只剩幾週或者幾個月可活，就盡量告訴自己要放鬆心情，因為越緊繃、擔心就越糟糕。另一方面，則是在內心接受這個事實。**人碰到困難，總是先不承認，然後是談條件，最後發現談不了條件才會接受。**一旦接受也就好了，但是這樣的過程必須花費一段時間，沒有 2 ～ 3 週是不行的。

註 67：一款由豌豆實驗室發布的免費 Android 手機應用程式，為創新工場第一個公布的專案。

註 68：2005 年 7 月 19 日，李開復從微軟副總裁跳槽到 Google 時，曾遭微軟指控違反競業禁止協定，其後微軟於 12 月 22 日撤回訴訟。

註 69：2009 年 9 月，李開復出版自傳《世界因你不同》後，書中部分內容遭到中國網路名人方舟子質疑，其後李開復公開坦承著作中確有不夠嚴謹之處並道歉。

# 3-4 面對生活與工作，該如何取得平衡？

**談對「工作」的看法**

**生活工作如何平衡、創業的進取心與平衡是否矛盾以及對「功利心」的反思**

Q：現在每個人的平均工作時間似乎越來越長，包括某些公司著名的996（註70）工作時間。在您看來，高速發展的網路公司，是否存在生活與工作的平衡？

A：我覺得我們要做到生活習慣的及格。及格是什麼，每個人都可以自我定義。每天睡3小時肯定不及格，每天只吃麥當勞肯定不及格，從來不運動肯定不及格，壓力過大肯定不及格，每天睡不著覺肯定也是不及格。不過我覺得，什麼樣的程度是不及格非常明確。

我建議所有創業者、工作者，甚至是全世界的人，都應該做到四個方面及格。創業者可能壓力上比較難及格，但是至少其他三者要及格。例如一天工作11到14個小時，絕對已經足夠。要是把自己逼到幾乎沒有睡眠，導致免疫力降低，就會產生嚴重問題。另一個建議，就是關注自己的免疫力。免疫力一低，什麼都來了，從輕微的感冒、喉嚨痛、扁桃腺炎，嚴重一點是肺炎，再嚴重就是帶狀皰疹甚至是癌症。

我不知道免疫力怎麼衡量，但是如果整天感冒，滿臉是包，罹患帶狀皰疹，或者是得了肺炎、支氣管炎，而且不只一次，這些都是信號，告訴你該放慢腳步，降低工作強度。即使你在創業，若是免疫力太低，再拚命也是適得其反。如果真的罹患什麼重症疾病，也就根本不可能成功，所以還是要注意身體。

Q：當您分享這方面的感悟給創業公司的 CEO 時，他們會真的聽進去嗎？還是他們的進取心會壓倒這些？

A：我不知道，但感覺他們有聽進去。有一位我們投資公司的 CEO，他原本每天都工作到兩三點，只睡 3 小時左右，號稱自己不那麼需要睡眠。我不斷提醒他，後來他的幾個夥伴就建了微信群。據他們說，雖然每天都工作到很晚，但在每人睡前都必須發訊通知大家「我要睡了」。大家依次提醒，睡前提醒下一個睡的人，就寢時發訊告知「我要睡了」。當然他們可能還是很晚睡，但至少不會拖到整夜不眠，所以我覺得是有聽進去的。

另外，在我的建議中，有一個是最受大家接納的，尤其是已發展到一定階段的公司創業者。這個建議是，去做全身癌症的篩查，現在這個技術已經相當先進。或許有點做廣告的嫌疑，但做全身核磁共振的檢查幾乎不傷身，而且除了骨癌、胃癌、腸癌之外，全部的腫瘤都看得清清楚楚。現在有一些醫院具備這種能力，核磁共振篩檢雖然很貴，不過還是建議超過 40 歲以上的人去做。我知道有幾個創業者都去做。

有一次我們組織一幫創業者去臺灣，安排在癌症篩檢方面非常有名的鄭慧正醫生跟他們交流。我剛才講的四個及格，也是鄭醫生的內容，不是我的獨創。

Q：經過 17 個月的暫時離開，有沒有什麼東西是您之前篤定認為是對的，但現在可能會有所懷疑的？

A：我覺得有很多。例如讓自己的影響力最大化，然後拚命去改變世界。我現在認為改變世界是可以的，增加影響力也是可以的，但是如果把它當作一切，做什麼都精細地去算怎麼讓影響力最大化，如何盡可能地改變世界，把這些當作一切的動力，這肯定不對。因為，我們憑什麼狂妄地說能改變世界？世界上未知的東西那麼多！舉例來說，我得癌症是因為什麼？還是說，癌症是來提醒我，現在是時候要慢慢改變。是因還是果，我們都不知道。既然有這麼多不知道的，我們如何能夠傲慢地評估自己的影響力，可以改變世界？

我重新思考過這一類的問題。很多人想法比較狂妄，特別重視和愛惜名聲，所以希望增加自己的影響力，像是希望微博多添粉絲、寫書多賣一點，聽到自己的負面評價會很生氣。其實很多人都是這樣活著，但這樣很累。現在我已經做了很多小時候夢想做到的事，很滿足了，所以接下來可以用平常心去對待一切。誰需要我幫助，我都願意聽聽，能幫就幫，不再用功利的角度衡量。**每個人都是平等的，就像在癌症面前大家也都平等。**過去我總會用功利的角度去評估一切，例如演講聽眾不到 1000 人就不想做，微博沒增加 100 個粉絲今天就白過了。現在想想看，那都很膚淺無聊。我主要的改變就是在這方面。

註 70：996 工作制，指的是每天從早上九點工作到晚上九點，每週工作 6 天的工時制度。

# 3-5 面對全新科技浪潮，創新工場如何選擇投資對象？

## 談科技與投資

## 共享經濟與萬物互聯、回顧創新工場投資得失

Q：我看過您之前的兩個演講，談科技行業的趨勢。這 17 個月中，有哪些出乎您意料的變化？

A：我覺得共享經濟的發展速度，超過我 2 年前的預測。我們一直在看這個領域，也有投資到成功的案例。共享經濟其實就是一口氣解決資源配置、財產使用，以及時間效率的問題，還有把仲介驅逐出去。透過「行動裝置＋網路社群」的方式，一口氣解決這些問題。

如果由此往下推算，物聯網時代肯定會來臨，雖然幾年前一度被認為泡沫化（其實應該說是吹牛）。因為這項科技在當時的條件來說太過昂貴，但是我們可以想像，未來這一切都不是很難。理論不難推算，網路怎麼起來，行動網路就怎麼起來；行動網路怎麼起來，物聯網就會怎麼起來。但時間可能要算一算，到什麼時候才會夠便宜、夠

普及。一旦普及後，就會產生很多難以想像的東西。**「行動裝置＋網路社群＋即時＋地理位置」帶來今天的共享經濟，未來各個不同領域，例如說家庭智慧化、可穿戴設備，或者汽車行業，每一項都會帶來巨大改變。未來會持續發生一波一波的浪潮和巨大的震撼。**

Q：在先前的浪潮裡，是否有錯失的項目令您後悔？

A：在此談到具體的某個項目可能不太妥當，但我可以從總體上來說。現在市場上估值 10 億美元的公司，有一部份我們都談過。其中可能有些被我們錯失，但並不是很後悔，重要的是進行檢討，看自己做得好不好。

有些錯失的項目是因為當時嫌貴，這一點我們要反思。真正優秀的創業者，我覺得不能嫌貴。哪怕是少占點股份，貴一點也要投資。只要評估後認為他創業的領域不錯，他適合做這件事，而且創業者本身年輕，那基本上他要多少就多少，投了！雖然我們的錢或許不夠，無法占到太多股份，但若錯失超級明星，也就是能力超強的創業者，我覺得很可惜。你可以看到最近我們投資幾個相當貴的項目，代表在這方面已經吸取到教訓。

有一種爭議的情況是，創業者本身屬於明星創業者，能力優秀，但他創業的方向卻是肯定會失敗，這種我們還在考慮該不該投。只要人對，是否不管他做什麼都該支持？從其他角度來看，假如你先投下去與他建立起關係，也許他會在錢燒完前換方向，或者燒完後做別的項目時再投資一次。我們內部目前對這種情況還是有些爭議，目前沒有定論。我們團隊較偏向分析型、專家型的投資人，如果評估後認為創業方向必然無法成功，目前的共識還是不投，因為這跟我們的風格不是很匹配。

另外還可能有一種情況是，創業者的價值觀跟我們公司偏差過大。若是因為這種原因而錯失項目，我們絕不後悔。因為不同的人走在一起，最後只會給彼此帶來痛苦，何必呢？並不是要求他的想法要和我們一樣，而是看他的價值觀或底線，例如看他的人品。假如創業者有傷害用戶的舉動，我們一點都不會考慮。

Q：您前面提及的第二種情況，也就是創業者選擇的方向是肯定會失敗，假如這個創業者足夠優秀，他自己真的意識不到這一點嗎？

A：有時候不會，這是一個悖論。前一題提到的每一種情況都有真實案例。事實上，創業者真的不會察覺，也許因為他看問題時是基於不同的背景或角度，而且每個創業者都很自然地愛著自己做的項目。

這時可以延伸出一種狀況：一個很棒的年輕人經歷不多，需要的錢也不多，但是他想做的東西必然會失敗。即使是這樣，我們可能還是難以下手投資。因為我們不會花費許多時間來分析判斷後，去投一個明顯能判定出

99.99% 會失敗的項目。我們看過太多案例是，這個創業方向的市場根本不存在，無論從理論或實際上來看。

如果是很棒的年輕人，到底該不該支持他？這樣以後還有（繼續投資他的）機會，而且也是幫助年輕人達成夢想。我們如果說 YES 的話，會對整個公司的方法論和文化產生巨大衝擊。年輕投資經理會說，原來我們不用分析得那麼深，只要看人即可。那我們也來看人吧！

看人來決定投資對象也不錯，像徐小平（註 71）就很會看人對不對？但是我們團隊招攬投資經理時，注重的並不是看人能力，而是看重對行業的深度理解分析、對產品的深度挖掘。團隊在這方面是專家。如果突然要把評估投資的標準改成看人，我們肯定做不過別人。

以這方面來說，現在我們還在苦惱當中。

Q：這個問題與上一個問題相關。創新工場可能是大陸最早看到行動網路趨勢的機構，但現在看來卻不是行動網路趨勢的最大獲益者。您認為原因是什麼？

A：在這個問題上，其實我們做得不錯，回報也很好，投資人跟我們都很開心，所以我不會去煩惱到底誰是這一波的最大獲益者。但是如果你問我們為什麼不是最大的獲益者，原因其實很公平。

存在這幾個問題：

第一，**當你透徹地分析過一個領域，也確實處於領**

**跑位置時，或許應該多投資一些公司。**不要想說佈局投資 5~6 個公司，構建出只有我們看好的公司能成功的 eco-system（生態圈），因為運氣不可能那麼好。即使只想做某個環節，或者發展 eco-system 的某個具體方向，但事實上不可能看得那麼準確。當方向已經領跑別人時，不妨多投資點，這是我們檢討後得出的結論。然後，只要做這個領域的人足夠優秀，就可以投資。如果他做的領域已經有一定發展，人也很優秀，創業的項目又不是必然失敗的，那就多投資點。這是我們現在得出的結論。

我們目前正秉持這種精神，投資數位娛樂內容領域。投資時，並不顧忌不同的投資對象之間是否有點競爭，只要不是完全一模一樣就可以。當好不容易領跑一點時，要趕快做。

第二，最優秀的創業者一定是充滿自信、特立獨行，而不是正在找人協助進行孵化（註 72）。所以，我們現在不會再找那些需要屋簷孵化的創業者。這不是說我們過去投資的人有問題，而是我們當時的模式會讓獨立性、自信心特別強的創業者，產生不好的感受，因為他們要找的是給自己幫助的天使，而不是找老師或孵化器機構。我們經過學習與領悟後，修改這一點。

第三，很坦誠地說，是我們的錢不夠。當時我們只有 1500 萬美元，而且沒有全部到位。有些新創企業我們早期是有機會投入，但它們的估值，例如大家都知道的那幾家特別值錢的公司，即使有機會投，但它們的要價我們卻投不起。這是沒辦法的事，只能看運氣。

Q：王興（註 73）跟你們談過吧？

A：談過，事實上你現在看到的那些新創公司，我們大概每個都認識。有些可能沒來找我們投資，有些是我們因為種種原因沒有投，有些是投不起，有些則是對方不要我們的錢。我們不僅見過王興，而且一直是要好的朋友。這種例子其實不只一個，而且不侷限於行動網路領域。

目前我們投資的公司中，有接近 20 個 1 億美元規模的，而且這些公司其實都還有潛力。這些公司的發展有時候快一點，有時候慢一點。如果要衡量我們投資幾個明星公司，可能現在還看不清楚。

如果衡量有幾個 1 億美元的公司，或有多少個估值 5000 萬、3000 萬美元的公司，我們都做得非常好。目前看來，我們這種分析型、深入型的公司，或許真的能夠幫助他們穩紮穩打。這些公司不見得是爆發式成長，但會一個一個慢慢茁壯，失敗率相當低。不過，若要衡量有多少 10 億美元公司，其實來日方長。現在我們有接近 20 個 1 億美元的公司，還有更多 5000 萬、3000 萬美元的公司，每個投資對象都有良好的成長性。所以，我們還是樂觀地期望，在投資對象中會出現更多 10 億美元公司。

這項目標我們一定會達到，而且必須達到。因為我們的商業模式並非要求每個投資都要翻一倍，也不是說一個成績平平，另外一個則翻 30 倍。我們投入的每一筆基金，都要產生幾個 10 億美元公司。

註 71：中國著名天使投資人，據說他選擇投資對象時只看創業者本人。主要看的有三點：創業者的領導力、行業經歷和團隊組成。

註 72：為創業者提供一定的協助條件，藉以提升創業成功機率，例如提供共用服務空間、經營場地、政策指導、資金申請、技術鑒定、諮詢策劃、項目顧問、人才培訓等多類創業的服務。

註 73：中國團購網站巨頭「美團網」的創始人。

# 3-6 面對全民創業時代，創業者與大企業相比有何優勢？

## 談創業

### 全民創業，不同創業者的成功機率

Q：您也有講到，現在連續創業者和大公司出來的創業者越來越多。是這些大公司出來的創業者和連續創業者成功的機率高，更值得投資？還是說現在這個全民創業的年代，即使沒有創業經歷，成功機率也非常大，一樣值得投資？

A：沒有創業過的平均機率一定低，因為這樣的人太多。依我來看，成功機率應該是連續創業者最高，大公司其次，沒有經驗的最低。但是沒有經驗的創業者也有很多優秀人才，像最近有很多不到 30 歲的創業者，或者是突然有很棒的技術得到應用。沒有經驗的創業者成功機率低，並不是因為他們不優秀，而是基數太大。

所以大家追捧的可能還是連續創業者，價錢當然會高。我們希望投到更多好的連續創業者，但也很願意投初次創業者，兩者都投資過。只是投第一次創業者時，我們可能難以花太多精力去分析，因為基數太大，過於分散。

我們跟徐小平、蔡文勝（註 74）合作過群英會，3 家一起進行大型的海量篩選。每個人少占點股份，但能多覆蓋一點，也有助於未來在總體上的判斷，這也是我們為什麼走這條路的理由。你可以看看未來上市的 20 家頂尖公司，有多少是首次創業，這個比例一定還是存在。但是如果我們閉著眼睛找兩個創業者，一個是連續性創業，一個是第一次創業，一定是前者的成功機率較大，也比較貴。兩種創業者我都不想錯過，前者可能就是去挖掘、跟別人競爭，後者可能就需要多投幾位，增加覆蓋面，像群英會這種模式。

Q：為什麼感覺只有中國和美國的創業比較瘋狂？

A：在美國，創業是一種文化，改變世界、追逐我心，做自己喜歡的事。矽谷吸引全世界的精英，變成一個國際創業的天堂。它具有開放、分享的思維方式，還有整個教育模式也值得稱道。史蒂夫・賈伯斯這種人，不但可以存活，甚至能得到一定程度的鼓勵和支持。這樣的環境，全世界只有一個。

至於中國，大家瘋創業主要有幾個理由。一是市場非常大，特別適合網路式創業。城市這麼多人，要叫計程車、叫外賣、要配送東西。二是政府強大，讓每個人都能上網，又不是很貴。第三，可能是因為固網做得不夠好，大家都用起行動網路，如此一來便形成非常巨大的行動網路市場。天時地利人和，很多東西該來的都來了，於是水到渠成。當然還有個很重要的因素，就是對成功的渴望，期望改變世界、獲取名利、打敗別人，或是做最好的自己。無論什麼理由，都有對成功的饑渴和追求，這屬於中國式的精神。這種風潮就出現在現在這段時間，50 年前沒有，50 年後也未必會再有。

你可以說以色列也是，那可能是挑戰權威的文化，而且全球有很多猶太精英，再加上它的國防科技等因素。每個創業文化的誕生地，可能都是偶然、必然的因素結合而成。既然有這些因素，就好好運用並加以發展。

Q：2014 年創業成為全民話題，這在您的意料外嗎？

A：具體是哪一年我不太確定，但我一直很有信心。因為我不斷地看到，有越來越多的優秀人才投入創業。

所謂全民創業，其實要做高科技，還是不能全民參與，高科技創業必須有技術和經驗。創業者屬於少數。

**全民創業其實不光是在網路領域中出現更多中小企業，也會在服務業中大量出現，例如開個咖啡館，或者做個配送公司，甚至是開個鮮花店。這是步入富強國家時必經之路。**美國、日本、韓國或者其他國家，很多都是這樣。這是必然，而且也是很健康的事。因為不能什麼都靠大企業，它有速度的問題，還有「創新者的窘境」的問題。

註 74：著名的網路投資家，曾靠投資域名取得重大成功，是知名圖像編輯程式「美圖秀秀」的董事長。

# 3-7 在網路領域，為何大企業不再能「基業長青」？

## 談壟斷

### 科技領域的 15 分鐘現象，「基業長青」不復

Q：在網路領域中，一方面有 BAT 這樣的巨無霸型公司，非常具有殺傷力和壟斷力；另一方面，又不斷有小的網路公司出現。這種狀況矛盾嗎？

A：不矛盾，但最終還是會一代接一代地輪替。不久以前，中國最厲害的公司還是聯想、華為，是什麼時候突然變成這幾家了？為什麼華為那麼多優秀的人才沒做的事，而隔壁的騰訊卻做了？其實就是各有各的企業文化跟優勢，還有創新者的窘境問題。一旦做大了，就不想失去已有的市場，開闢新的市場，因為會覺得投資的回報不划算。這些都是人之常情，所以幾乎可以稱為常規現象，小公司不斷崛起，大公司不斷沒落或是進入一種維持的狀態。IBM 依然存在，但已不再是最活躍的公司，微軟也是，大家現在講的都是 Google、臉書，以後還會源源

不斷出現新一代的公司。每個科技潮流帶來的新變革，都會讓小公司有相當大的優勢，因為小公司不存在創新者窘境，它的文化跟年齡會產生更大的動力。

當然，今天 BAT 這麼強大，它不斷收購和投資是不是就能維持地位？但同樣地，過去 IBM 和微軟也是買，現在 Google、臉書也在買。如果我們拿安迪・沃荷（註 75）說的「每個人都會有燦爛陽光下的 15 分鐘」這句話作類比，或許花錢能把 15 分鐘變成 20 分鐘，甚至 25 分鐘，但是無法變成 5 個小時。就像季節輪轉春夏秋冬一樣，科技也會有潮流的變化。無論是行動裝置、網路社群、IoT 或智慧汽車，隨著科技潮流的滾動，新的公司會起來，舊公司的成長曲線會平緩下來，給創新公司更多的機會。這就是創新創業的理念體系，是不可逆轉的。**金錢只能讓你延遲在燦爛陽光下的時間，但要跟科技的潮流賽跑，沒有一個公司可以跑贏。**

Q：馬雲的觀點是，壟斷這個詞語在網路時代已經不存在，或者說過時了。按照您剛才的說法，可以理解成您也是這麼認為嗎？

A：無論是微軟、Google、阿里巴巴或是騰訊，在壟斷初期確實有很大的經濟效益。因為它成了一個平臺，有自己的 eco-system。初期可能定位成幾年，這時壟斷有助於用更小的資源獲得更大的成長。這個階段多家的競爭可能是無效的，但是壟斷也存在問題。第一是壟斷者的貪婪，它不但要做平臺，還要做應用，想靠壟斷推進到別的領域。這時就需要有一定的壟斷法來制衡。

**壟斷本身沒有罪。但是如果因為壟斷而讓其他領域的企業無法發展，就會造成壓抑創新。**美國制裁微軟、Google 等公司是有道理的。但是反壟斷法有效嗎？其實未必，因為政府永遠趕不上科技的速度。等到你去制裁時，它在陽光下的 15 分鐘可能已經結束，其實沒有用。

反壟斷法的懲罰性沒有用，但具有呵斥作用。這會讓大企業知道有個法律在看著你，有一大堆人等著告你，告到拖累整個公司的發展速度。當時比爾・蓋茲都快被氣哭了。反壟斷法沒有反到他的壟斷，卻把領導者搞得做慈善去了。結果讓大公司開始覺得，好吧，我們不要再經歷這種人間地獄，被政府盯到這種程度。微軟、Google 這些大公司也變得守規矩。就像一把大斧頭懸掛在那裡，雖然可能制裁不到你，但還是有威懾作用。

回到科技的話題，其實顛覆壟斷的不是法律，也不是競爭對手。確實沒有人能夠進入 PC 領域把微軟打敗，也沒人做搜尋做得過 Google。但是總有一天會出現科技的顛覆性改革。誰能想到一個原本做搜尋的公司，買下安卓的 OS 後，手機的數量竟然發展到比 PC 多這麼多，成長得這麼快，不僅手機可以有 PC 的功能，甚至未來的 PC 都可以基於安卓系統。我們還沒有看到微軟作業系統的末日，但它是在苟延殘喘，因為它的領域變小了。這就是科技變革顛覆大公司壟斷的例子。Google 被顛覆了嗎？還沒有。但是你可以看到臉書對它的威脅，網路內容有一大部分在臉書上，如果我不讓你查我的內容，你就不能算是完整的搜尋引擎。如果哪天臉書做到網路內容的 30%，臉書可以完整地搜這 30% 內容，而 Google 可以完美地搜尋其他 70%，但看不到臉書的 30%，最後誰贏？所以，**科技發展才是壟斷的真正顛覆者。長期來看，我覺得壟斷有春夏秋冬四季更替的過程，有繁榮也有衰落。**

Q：創新的速度越來越快，之前很多中國公司的理想都是基業長青，現在還會存在基業長青這個說法嗎？

A：不會。我覺得在高科技領域，企業一定只能擁有 15 分鐘陽光下燦爛的機會，不可能永遠留下來。就算大公司還在成長，但是小公司一定成長得更快。哪怕你的壟斷是成功的，科技潮流仍然會慢慢地推進。人會被最好的機會吸引走，最厲害的人進入什麼領域，就會讓那邊發生變化。現在創業領域吸引到一批頂尖人才，我認為他們的 IQ 是最高的。當變化發生時，大公司就會失血，所以不可能有什麼基業長青。好的企業應該待在它的 15 分鐘陽光下，盡量享受這一刻，做了不起的事情，really love and enjoy the moment。過了這 15 分鐘以後，花點錢堅持一下，錢不夠了增發股票、銀行貸款，再堅持一下，直到無法再透過資本運作來解決問題。你看 2014 年，騰訊、阿里、臉書、Google 花費多少錢做這種努力，你可以延長基業，但基業不能長青。

Q：我們衡量偉大公司的標準也要變了。之前有一個標準是透過管理或企業文化來延續公司。

A：管理的模式可以不斷學習、成長。你讀《Google 模式》（註 76）可以看得到 Google 的企業文化，阿里、騰訊也各自擁有很棒的企業和產品文化。這些文化的精髓都值得學習，但是如果認為公司擁有優秀的文化就能活 200 年，這在高科技領域肯定不存在。吉姆・柯林斯（註 77）的觀點在當時是對的，但是現在已不再適用。我還是很尊敬他，但不再相信高科技行業的基業長青。

註 75：美國藝術家、印刷家、電影攝影師，是視覺藝術運動普普藝術的開創者之一。

註 76：2014 年出版，由當時 Google 的董事會執行主席艾力克・施密特和前產品部資深副總強納森・羅森柏格合著，闡述 Google 的管理與經營之道。

註 77：企業管理大師、暢銷書作家，曾與傑里・波拉斯合著《基業長青》一書，闡述他的主要管理思想。

## 單元思考

「我重新去思考過這一類的問題，例如讓自己的影響力最大化，然後拚命去改變世界。我現在認為改變世界是可以的，增加影響力也是可以的，但是如果把它當作一切，做什麼都精細地去算怎麼讓影響力最大化，如何盡可能改變世界，把這些當作一切的動力，這肯定不對。因為，我們憑什麼狂妄地說能改變世界？世界上未知的東西那麼多！舉例來說，我得癌症是因為什麼？還是說，癌症是來提醒我，現在是時候要慢慢改變。是因還是果，我們都不知道。既然有這麼多不知道的，我們如何可以傲慢地評估自己的影響力，可以改變世界？」

「我覺得物聯網時代肯定會來臨，雖然幾年前一度被認為泡沫化（其實應該說是吹牛）。因為這項科技在當時的條件來說太過昂貴，但是我們可以想像，其實未來這一切都不是很難。理論不難推算，網路怎麼起來，行動網路就怎麼起來；行動網路怎麼起來，物聯網就會怎麼起來。但時間可能要算一算，到什麼時候才會夠便宜、夠普及。一旦普及後，就會產生很多你難以想像的東西。『行動裝置＋網路社群＋即時＋地理位置』帶來今天的共享經濟，未來各個不同領域，例如說家庭智慧化、可穿戴設備，或者汽車行業，每一項都會帶來巨大改變。未來會持續發生一波一波的浪潮和巨大的震撼。」

NOTE

/ / /

NOTE

/ / /

“

**想要自己開拓、發展出一條路，就不應該具有跟別人一樣的想法和行為。**

——盛田昭夫（SONY 公司創始人）

”

Chapter 4

AI 時代經營者　宋柯

# 網路世界什麼都免費，我開闢的賺錢之道是……

**關於中國唱片業的發展，他認為問題在於……**

宋柯認為唱片業的內容製作方從內容銷售收入中所分得的比例遠低於 40%，導致無法形成良性的自我迴圈，加上唱片製作公司過於分散，沒有一家公司或聯合體能夠達到占據 40% 市場占有率的規模；但在數位音樂領域，管道商享有壟斷地位。如此一來，一方面造成內容方在與管道談判時無力提高分成比例，另一方面則導致整個行業無法有效地打擊盜版。

**販賣數位音樂版權，他成為中國力推數位音樂的第一人！**

2003 年中國移動與宋柯合作提供數位音樂行動加值服務，收入的分配比例中，內容商能拿到 42.5%，遠高於銷售唱片。他積極地擁抱新技術，成為中國國內力推數位音樂的第一人。2005 年年初時，宋柯與知名歌手刀郎談下數字版權銷售，帶來 2000 萬的收入，而這個數字本來還應當更高。當李宇春發佈第一首單曲《冬天快樂》時，由於付費下載人數太多，甚至導致線上音樂網站很長時間都無法登錄。

宋柯說：「刀郎這件事還是讓我們衝破概念上的障礙，讓業內人士覺得：啊，老宋真的這麼做，而且據說還做得不錯！」

**關於音樂是否屬於免費經濟，他認為……**

勞倫斯・雷席格等網路領域作家認為，音樂在網路上大範圍傳播將會促進新的創造。《連線》雜誌主編克里斯・安德森也在書中將中國的音樂產業視為「免費經濟的現代化測試場」。宋柯堅決反對安德森所提出的「免費經濟」，認為音樂具備產品屬性，使用音樂作品應當付費。

他說：「網路是我們的上帝嗎？不是。網路就是當年那些唱片店，沒有任何不同。如果我們過去沒有免費把唱片給唱片店去賣，意味著現在也不能免費給網路。」

**對於音樂產業的未來，他期望……**

宋柯打算將音樂行業的內容製作者團結起來，藉此提高議價能力，爭取更多的收入分成。

他一直認為 MP3 只是過渡階段的音樂產品，而未來將能發明一項新產品，在音訊上要比 CD 更加清晰，要更容易保存，而且要具備和音樂相匹配的氣質，不像 MP3 那樣只是一個音訊檔。它可能是比唱片更有趣的新概念。

# 4-1 中國音樂界的大佬，為何辭職跑去開餐廳？

## 李翔按

事實證明，宋柯賣烤鴨並沒有持續太久。這是一次並不成功的副業嘗試，他沒能成為一名成功的餐飲商人。這也正應了那句話：「並不是人緣好就可以開飯館。」每個行業都有自己的規律。

他還是徘徊在音樂行業。先是和高曉松（註78）一起成立恒大音樂，然後他們倆又一起離開恒大，加入阿里巴巴主事阿里音樂。

這個行業也在發生變化。

因為包括阿里巴巴、騰訊和網易幾個網路巨頭在音樂上的發力，音樂行業似乎開始出現轉機。騰訊音樂、網易雲音樂和阿里巴巴旗下的蝦米音樂也開始像影片分享網站一樣打起版權大戰，在音樂版權上豪擲重金。

網路曾經給這個行業一記幾乎致命的重擊，現在，那些財大氣粗的網路公司又開始給它輸送金

錢血液。只是不知道，音樂行業的老資歷是否還玩得起這種新遊戲。（註 79）

”

宋柯絕對是中國流行音樂幕後製作教父級的人物，為數十位歌手製作過品質精良的唱片。線上下唱片業逐漸趨於消亡之際，他卻辭職當起烤鴨店的老闆。從宋柯的故事當中，我們或許可以看到本土音樂行業如何一步一步走向衰敗，並且毀掉一個「大亨」的夢想。

「吃完烤鴨第一件事是，我應該付你錢，而且是現結；你做得好，人家還誇你。你看這是什麼態度！」

「你嘗嘗這芹菜，這叫馬家溝芹菜。有點辣，但味道不錯。這是地方的特產，比一般芹菜貴，還貴不少，當然口味也不一樣。」宋柯坐在圓桌的另一頭，嘴裡叼根煙，面前的白色 iPhone4 響個不停，一會兒簡訊一會兒電話的，還不忘招呼我們。

在宋柯開的朗悅府試營運第二週，我們坐在這家位於 CBD 地帶（註 80）的餐廳的一間包廂內，和他一起試菜。菜一道道端上來，宋柯抽著煙，以一副闊人的眼光看著我每盤各吃一點，然後在嘴裡還塞著食物的情況下嘟嘟囔囔地對他說一些贊許之詞。相對於自詡為資深吃貨的宋柯，我只是個普通食客，味蕾已經被辣椒、味精和地溝油破壞殆盡，吃到他費盡心機收羅來的各種北京菜，理應驚為天人。他則擺出一副見過世面的架勢，不為所動。

直到他引以為傲的烤鴨上來後，他才加入進來。捲烤鴨的餅皮被細心地折過疊放在小蒸屜裡，宋柯提醒我們注意這一點，一般的餐廳都把餅皮整個堆在一起，「你得撕半天，而且說實話也不衛生。」至於鴨子，「切鴨肉的差別很大。這幾天都是我們主廚切的，格外精細，切起來超級慢。以後你要是吃到鴨子口味不太對，可能就是因為切的人不同」。

活鴨必須專門從北京南城某家店進貨，「全北京只此一家」，全聚德、大董和鴨王等知名烤鴨店都從這家買，光鴨子成本就得 60 多元人民幣。烤製時分兩個爐子，一個爐子粗烤，再用另一個爐子細火烤，把煙熏味去掉。

吃烤鴨另外還有個重要的程序是吃鴨架，其重要性甚至不亞於吃鴨肉，「我們鴨架最好的做法不是熬湯，不是鴨架湯，也不是椒鹽，而是白菜豆腐粉條燉鴨架」。這是郊區農家菜的做法，通常燉豬肉或者燉魚，他們改燉鴨架。宋柯把一位農家老阿姨請到廚房，前後來兩次，教完廚師，「很好，一嘗，太香了」。

做起這家餐廳前後僅花費 3 個月，而宋柯基本上不是在忙原先公司的事，就是在洛杉磯陪妻子待產。但是沒關係，「我沒空忙餐廳，但我有空吃啊」。他到各地「淘」

菜，從鄉下淘的菜除了改良版白菜豆腐粉條燉鴨架，還包括烤牛肋骨、野豬肉和鐵鍋燉大公雞。後者是從延慶（註81）那邊山裡淘來的，他吃著高興，就請老闆以後進貨時多訂一份原材料，自己去拉回來搬到餐廳。宋柯形容試菜時這菜的口味，用一句自己的口頭禪：「大成功！」同樣的口頭禪他曾經用來描述過孫燕姿的第一張專輯，還有刀郎和李宇春。

這家餐廳本來可以安安靜靜地等待口碑傳播，慢慢在一群專門找地方吃飯的北京人中紅起來，但是宋柯的一項決定讓它還沒來得及征服客人的胃，就先滿足大眾熱愛八卦的心。這項決定就是：他宣佈辭去有中國大陸最大音樂公司之稱的太合麥田 CEO。辭職之後幹嘛去了？八卦的群眾得到答案：開烤鴨店呀！

宋柯自己也拿這件事情開玩笑，辭職之前，他對餐飲公司的合夥人和廚師長說：「你們可得感謝我啊，為了咱們鴨店，我把多少年薪的工作都辭了！」眾人哈哈一笑，都覺得這哥們是不是在逗大家玩。結果隔天看到網路上鋪天蓋地的八卦消息，廚師長緊張得 3 天沒睡好，「壓力太大」。

廚師長是宋柯從另一家在小範圍內頗有美食知名度的「果果烤鴨」挖過來的。他 16 歲開始在全聚德學做鴨子，幹了 16 年，這正好也是宋柯泡在音樂行業的時間，在摸索出一些小創新後，他離開全聚德到果果。宋柯對此人讚不絕口：「他要是擱在音樂行業，就是個類似於張亞東（註 82）這樣的人。亞東這人一個音色能研究半年；我們的總廚一聊起菜，也是眉飛色舞，一個細節能琢磨很久。」

元旦假期之後，宋柯不再去太合麥田上班，幾乎天天待在自己的烤鴨店裡。他還讀過 2 本寫海底撈的書，吃過幾次海底撈，得出的結論是「這老闆很懂人的心理，他的成功是以人為本，而不是以成本為本」。他馬上現學現用。1 月 12 日風險投資機構軟銀賽富在他的烤鴨店開年會，提出要喝自己帶過去的紅酒，四點鐘時宋柯打個電話過去說，我現在派個司機過去把酒取來，先給你醒著。「司機一到他們辦公室，所有人都說，哇，這個餐廳厲害：第一，懂酒；第二，用心。」餐飲新兵有些得意。

電話又響。他對著電話講了一通，放下電話對進來倒茶的總廚太太說：「後天菲姐（王菲）要來，菜注意點，亞鵬別管他，反正他們公司在附近，不管愛不愛吃都得把這裡當食堂。」

「烤鴨與涮羊肉，在北京永遠立於不敗之地。」他引用他的朋友、資深樂評人戴方的話說。餐飲是他的愛好，是內心中「時不時會冒出來折磨自己」的小惡魔，也是他認定的商人培訓基地，他說：「我身邊很多大哥都是從餐飲起家的，因為它既能鍛煉對成本的控制能力、對員工的管理能力，利潤率又高，基本上沒有不超過 50% 的。」

**「讓我最欣慰的是，我認真做好一隻鴨子，對消費者來說，吃完烤鴨第一件事是付錢，而且還現結；你做得好，人家還誇你，說花這麼點錢就能吃到這麼好的烤鴨。你看這什麼態度！」**他以一副受害者突然得到尊重的口吻說道。

註 78：作曲、填詞人、音樂製作人、導演、作家以及脫口秀主持人，中國校園民謠的代表人物。

註 79：根據國際唱片業協會（IFPI）發佈的《2018 全球音樂報告》顯示，中國音樂市場整體收入增長 35.3%，是全球增速最快的音樂市場之一，有望成為下一個偉大的全球機遇。

註 80：Central Business District，即中心商業區，指大都市裡商業活動的集中地。

註 81：北京市下轄的一區，為首都生態涵養發展區，生態屏障和重要水源保護地。

註 82：中國音樂人、音樂製作人。曾為王菲、莫文蔚、陳曉東、朴樹、麥田守望者、張靚穎、李宇春等藝人製作專輯或歌曲。

## 4-2 他曾3個月發不出薪資，卻仍堅持打出中國流行音樂半邊天！

宋柯為自己演奏著辭任太合麥田 CEO 的退場音樂，其中最強的旋律是他說的「唱片已死」。先拋出這個論調，緊接著再有辭職之舉，迅速讓人得出結論：「這個行業不行了」，無論他自己是否這樣想。

在他 1996 年進入唱片業時，沒人會這麼認為。當時宋柯剛 30 出頭，在美國德州留過學，做過期貨，也賣過珠寶，不算大富，但也有點小錢。他和清華校友高曉松一起成立獨立廠牌麥田音樂。樂評人戴方說：「他是被高曉松拐騙到這個行業的。」

宋柯進入這個行業，有個原因可能是他自身的音樂情結。高中時宋柯就曾經得過學校吉他彈唱比賽冠軍，清華讀書時玩過樂隊，還曾經為學校食堂週末舞會擔任伴奏。他「歌唱生涯」的巔峰是贏得高等院校歌唱比賽的亞軍，那年的冠軍是個胖子，唱起歌來聲情並茂，名叫劉歡。這麼多年過去之後，連宋柯都口口聲聲稱自己為商人，但認識他 10 多年的戴方卻還堅持認為：「他骨子裡是個校園歌手，水木年華的盧庚戌（註 83）還會唱他寫的歌。」

後來宋柯在回顧自己的 16 年音樂產業生涯時，坦率地說麥田在經營上很不成功。無論你信不信，他說麥田曾有 3 個月發不出工資，全靠他打麻將贏來的錢支撐營運。

宋柯說：「我覺得那時的行業環境不適合獨立品牌。」獨立品牌很難從藝人經紀上獲取收入，它之所以被稱為獨立品牌，有個原因正是它簽約的藝人大都偏向小眾，因此，「只能靠那一點點可憐的版權收入」。

但如果以音樂水準來衡量，麥田和其他獨立品牌相比，則稱不上失敗。麥田 4 年間發行 4 張唱片，張張都可以稱為經典，包括高曉松的《青春無悔》、朴樹（註 84）的《我去 2000 年》，以及達達（註 85）和葉蓓（註 86）的唱片，另一家知名的獨立品牌紅星則做過田震（註 87）和鄭鈞（註 88），這些唱片幾乎都是大賣。一個佐證是，《我去 2000 年》麥田自己收集到的盜版卡帶就有 50 種。宋柯表示：「我知道依卡帶的生產成本必須量產，否則划不來，如果以每種盜版卡帶生產 2 萬張來計算，至少有 100 萬張。」而這張唱片的正版發行量也接近 100 萬張（一說為 80 多萬張）。

**獨立廠牌難以為繼，盜版是原因之一，宋柯表示當時盜版率大概在 90%。另一個原因是唱片公司從唱片銷售收入中的分成比例過低，如果以 1 張卡帶賣 10 元人民幣計算，唱片公司和藝人只能拿到 0.8 ～ 1.2 元左右。**

在麥田難以為繼時，宋柯接到華納拋來的橄欖枝。這是後來宋柯總被人說是命好的原因之一，每次走到關鍵時刻，總有新的機會冒出。華納中國副總經理的職務，讓他成為中國內地音樂圈舉足輕重的人物。有人認為他借助華納而成為真正的音樂大佬，但曾經跟他共事過的一名員工則說，不要太誇大包括華納在內四大唱片公司的地位，「它們在中國的公司幾乎就相當於一個接待站，反倒是老宋去了之後做出一些東西」。

無論如何，他們相互成就。宋柯總結自己在華納至少學到三點：**第一，對黃金時代的唱片體系瞭解得非常透徹；第二，跨國公司對音樂版權的理解；第三，跨國公司的管理經驗，尤其是在市場行銷方面的大手筆**。「很多市場行銷的基本概念，我是從華納學來的。」而他也為華納中國製作本土音樂內容這方面貢獻良多。他在這時期所製作，至今仍有一定知名度的唱片包括老狼（註 89）的《晴朗》和朴樹的《生如夏花》。他還製作周迅的《看海》，「讓人們一下子意識到，哦，周迅也是可以唱歌的」，一位娛樂圈的圈內人士如此評價。

《生如夏花》就是宋柯渴望的大成功。這張唱片首次發行便銷售 50 萬張，前後加起來賣得超過 100 萬張，如果沒有盜版影響，宋柯相信它可以銷售到 500 萬張。但是它並沒有帶來宋柯期望的巨大收益。「100 萬張我沒賺多少錢啊！卡帶加 CD，1 張我只拿到 1 塊多錢，也就是 100

多萬，但這張唱片的行銷和製作成本卻不止這筆錢，最後還得拿演出收入和廣告收入去補。」

形成巨大對比的是華納臺灣公司於 2000 年發行的孫燕姿同名專輯。這張唱片讓宋柯震撼到瞠目結舌，首先，它的行銷費用是製作費用的 3 倍，這在大陸幾乎不可想像；其次，這張唱片的製作加行銷費用花了 1000 萬，銷售 80 萬張，為華納臺灣帶來 4000 萬的收入，讓剛成立的華納臺灣新團隊一戰成名。

理查·布蘭森（註 90）自傳中，布蘭森淘到第一桶金的故事讓宋柯感到巨大的失望。這位傳奇大亨憑藉著製作發行麥克·歐菲爾德（註 91）的《管鐘》而存到本金，並讓維珍唱片聲名鵲起。宋柯憤憤不平的是，《管鐘》在英國專輯銷售排行榜上僅列 23 位，「連前 10 名都沒進入！」「我 16 年時間裡，當年的大紅唱片至少有一半是我的。」

「海外唱片公司，不管是主流或獨立，基本上每年如果有 1 張爆紅的唱片，類似於《生如夏花》這種，你可以好好地吃 5 年。這意味著不但賺到 5 年的花銷，你還可以奢侈點，例如培養更多新人，或者投入更多的行銷費用。但不幸的是，在這裡你僅能勉強賺點小錢。」抱怨之後，宋柯開了句有些苦澀的玩笑：「我們這種人，在國外都應該是大亨級人物。」

後來宋柯坐在自己的烤鴨店中反思時，將原因總結為

「兩個 40%」：**一是因為唱片業的內容製作方，從內容銷售收入中所分得的比例遠低於 40%，在卡帶和 CD 時代基本上只有 8% ～ 15%，這讓唱片工業不能得到足夠的收入來形成良性的自我迴圈。第二是中國大陸的唱片製作公司過於分散，沒有一家公司或聯合體能夠達到占據 40% 市場占有率的規模，如此一來，一方面造成內容方在與管道談判時無力形成話語權，提高分成比例，另一方面則導致整個行業無法有效地打擊盜版，也無法有效地說服政府制定相關法規。**

註 83：中國人文民謠歌唱組合，前後共有四位成員，均是清華大學畢業生，目前由盧庚戌和繆傑組成。

註 84：中國流行樂歌手、音樂製作人、影視演員。

註 85：達達樂隊，中國男子搖滾樂隊，已於 2006 年解散。

註 86：中國流行樂歌手，是麥田音樂旗下第一位女歌手。

註 87：中國大陸歌壇大姐大式的人物，音樂風格以軟搖滾為主。

註 88：中國搖滾樂歌手。

註 89：中國流行音樂歌手，有「校園民謠之父」之稱。

註 90：英國維珍集團的創始人兼董事長，旗下有近 200 家公司，是當今世界上最富傳奇色彩和個性魅力的億萬富翁之一。

註 91：英國作曲家、新世紀音樂家、電子音樂家。

# 4-3 網路時代來臨，他靠販賣數位版權創造2.5億人民幣估值

「熱賣唱片的市場銷售額都可以破千萬，而國產電影1年沒有幾部破千萬。為什麼我們不投大錢在唱片上？」

2004年宋柯離開華納中國成立太合麥田時，可謂是他最明確表現出商業抱負的時刻。而他的離去在媒體上引發的軒然大波，似乎也說明這個行業的前途無量。

華納中國的總經理許曉峰在寫給媒體的公開信中提及：「宋柯的『跳槽』無疑引起極大的關注，在我的印象中，似乎只有家電行業中長虹的倪潤峰（註92），和IT行業中新浪的王志東（註93）受到過類似的關注。」

倪潤峰曾被稱作中國家電業的教父，在退休之前一直是中國商業世界舉足輕重的人物；王志東則是中國網路行業的開創性人物，他創立的新浪是在納斯達克上市的標誌性網路公司。他們的退休和離職都曾引起中國商業媒體的極大關注。

許曉峰表示宋柯經過麥田時期的專案運作、華納中國時期的品牌運作，現在開始進行資本運作。宋柯的投資方

是以地產起家的太合。太合旗下的太合傳媒副總裁于天宏對媒體說，他們認為音樂市場被嚴重低估：「朴樹的《生如夏花》首版發行量 50 萬張，市場總銷售額就是 1000 萬元左右，唱片其實是個大市場。同時，目前新技術、新通訊方式，例如手機與網路正在改變傳統的唱片分銷模式，新收入潛力無限。」

宋柯本人也雄心勃勃。他舉例說日本最大的唱片公司年銷售額有 80 億元人民幣，美國唱片公司更是巨頭級，「為什麼我們不投大錢在唱片？」

值得一提的是，當年的華誼兄弟（註 94）全稱還是「華誼兄弟太合影業公司」，太合同樣是華誼的投資人之一。不過隨後太合麥田和華誼兄弟太合影業的道路便迥然不同。2004 年年底，王中軍引入 TOM（註 95）作為戰略投資方，同時贖回太合手中 45% 的股權；2005 年時又引入馬雲的雅虎中國和江南春的分眾（註 96）作為投資者，同時贖回 TOM 手中的華誼股份。2009 年華誼登陸創業板，融資 12 億，市值曾突破百億，截至 2012 年 2 月 8 日，也仍然擁有超過 85 億的市值。

既然知道唱片工業的價值分配比例有問題，宋柯為何又要雄心勃勃再做一家公司，甚至還希望借助這家公司成為大亨？ 2003 年當宋柯還在華納中國時，中國移動（註 97）找上宋柯，希望能夠得到華納中國的音樂授權，以供「行動加值服務」使用。雖然華納中國當時不允許授權

MP3 格式與數位音樂，但宋柯用自己擁有版權的麥田時期近 50 首歌進行試驗。

打動宋柯的有兩點，**一是中國移動對版權的重視，而且他認為中國移動身為一家在行動終端銷售數位音樂的壟斷型管道商，有消滅盜版的能力。第二就是中國移動提出的分配比例為 15：85，也就是中國移動從數位音樂下載的收入中收取 15%，SP（無線加值業務營運商）拿到 85% 收入，其中和內容提供方的分成為對半，表示內容商能拿到 42.5% 的收入，遠高於從銷售唱片中所獲取 10% 左右的收入比例。**

當然，重要的是你要手握版權。於是，宋柯一邊大罵國際四大唱片公司的保守，一邊收購獨立音樂品牌紅星所持的歌曲版權，其中包括鄭鈞、許巍（註 98）與田震的早期音樂版權。同時，他也上美國音樂網站聽歌，包括 MP3.com 和 Napster。後來宋柯大罵網路拐騙音樂行業，使用音樂不付費，被很多網路擁護者攻擊為保守，但諷刺的是，在宋柯開始發展數位音樂的那段期間，他曾一度在音樂行業被視為激進分子。

在 2004 年 2 月太合麥田（以下簡稱太麥）宣佈成立時，整個公司加上宋柯才 6 個人，但憑藉著宋柯的人脈和幾個娛樂行銷項目，公司經營得不錯。李宗盛當時是太麥的顧問，把成龍的兒子房祖名介紹給宋柯，促成太麥製作房祖名的唱片《邊走邊唱》。宋柯在唱片製作上小試牛刀即收穫成功，這張唱片正版銷售量超過 20 萬張，另一種說法是這張唱片銷售超過 50 萬張。

但真正的「大成功」卻隱藏在新疆。早年太麥的一名高管回憶：「2005 年年初時，老宋跟我說，有個叫刀郎的人超紅。他說已經見過這個人，很順利，我們要做刀郎的數位版權銷售。當時刀郎可能還不知道數位版權是什麼。」宋柯說：「我找他談時，他還沒後來這麼紅。」

宋柯到新疆與刀郎的經紀人和發行商見面、聊天、喝酒，「最後一天時，我說咱也別喝了，聊點正事。我看你的發行商和經紀人都挺好的，這錢人家應該掙。這樣吧，你就給我另一塊東西。」刀郎就問：「什麼東西？」宋柯想了想該如何解釋並命名「另一塊東西」。他極端鄙視四大唱片公司的「新媒體」部門，認為這個名稱不知所云，根本沒分清楚網路和無線網路是媒體還是管道。

他說：「就新技術版權吧。」刀郎果然問：「這是什麼意思？」宋柯解釋說：「就是除了唱片以外的版權。」當時沒人把唱片以外的版權當回事，刀郎對此還挺內疚：「大哥你跑這麼一趟，就聊這點事……。」宋柯卻趁著酒勁說：「刀郎，我能幫你在新疆掙一棟別墅。」其他人都覺得宋柯喝太多了。

刀郎的 3 年數位版權授權為太麥帶來 2000 萬的收入，而這個數字本來還應當更高。如果 SP 沒有隱瞞實際下載數字，宋柯估計自己可以分到 1 億的收入。

宋柯說：「刀郎這件事情還是讓我們衝破一些概念上的障礙。對於很多業內人士來說，這讓他們覺得：啊，老宋真的這麼做，而且據說還做得不錯！」

「老宋嘗到數位音樂的甜頭，他是國內力推數位音樂的第一人。」與宋柯保持著長期良好關係的音樂記者「橘子」說。2005 年 9 月 12 日，太麥簽下李宇春。宋柯在發佈會上拿著手機說：「我的目標就是讓人早上起床第一件事是，想用手機聽什麼歌就能聽什麼歌。」他非常積極地擁抱新技術：如果 3G 網路問題能夠解決，將來人們都會用手機來下載音樂，「唱片這個載體肯定是要死掉的」。一切都在佐證宋柯的判斷。當李宇春發佈第一首單曲《冬天快樂》時，由於付費下載人數太多，導致太麥的線上音樂網站「太樂網」有很長時間都無法登錄。

資本也加入這次狂歡。2006 年年初，軟銀賽富投資太麥和太樂網。媒體原先報導的投資金額為 900 萬美元，占股 30%，太麥估值為 2.5 億人民幣。另一種說法是軟銀賽富會投資 1000 萬美元。不過，做出此項投資的軟銀賽富合夥人羊東說，最終軟銀賽富的投資額只有 500 萬美元。「當時我們很看重數位音樂。我覺得來電答鈴的應用可以做得很大，而且也很難有盜版。」他是宋柯的清華學弟，畢業之後先是在美林（註 99）做投行，後來轉做風險投資，知名的投資專案包括完美時空（註 100）、凡客誠品、摩比天線（註 101）和順馳不動產（註 102），其中完美、摩比和順馳都已經獲得不錯的投資回報率。

「2005、2006 年時，我們的報表真的很好看。投資商也找上門來，他覺得公司會迅速壯大。」前面提到的太麥早期高管說。那時宋柯和太麥的員工都顯得意氣風發，宋柯和高管開會，經常是從七點吃完晚飯開始，開到晚上十二點。直到現在，很多已離開太麥的年輕員工，都會懷念那段美好時光。

那也是太麥前途最被看好、談論上市最多的時期。

註 92：長虹電器是中國知名的家電製造商，倪潤峰於 1985 ～ 2004 年間擔任董事長，締造輝煌的彩色電視銷售業績，在中國國內市占率一度曾高達 35%。2004 年時，長虹因美國出口業務相關事項導致鉅額虧損，使倪潤峰引咎辭職。

註 93：王志東為新浪網創始人之一，曾帶領公司股票於美國納斯達克上市，後於 2001 年時，因公司內部分歧而辭去新浪總裁兼 CEO 的職務。

註 94：中國知名綜合性娛樂集團，由王中軍、王中磊兄弟在 1994 年創立。

註 95：和記黃埔及長江實業與其他策略性投資者組成的合營公司，總部設於香港。公司經營多元化業務，包括網路、出版、戶外傳媒、電視及娛樂等，業務遍及兩岸三地。

註 96：分眾傳媒，由中國企業家江南春於 2003 年創辦，首創設置於電梯的廣告媒體。

註 97：中國行動網路電信營運商，為國有中央企業。

註 98：中國搖滾音樂人。

註 99：世界最大的證券零售商和投資銀行之一，提供多元化的金融服務，包括共同基金、保險、信託、年金和清算服務。

註 100：中國的網路遊戲公司，現名「完美世界」，除了開發 3D 網路遊戲等業務外，也是電玩數位發行平台 Steam 的中國代理商。

註 101：無線通信天線及基站射頻子系統供應商，主營業務包括無線射頻模組、射頻電纜、各類天線等，並發明創建 2G/3G/LTE 等領域眾多新產品開發及專利技術。

註 102：專門從事房地產行銷及相關服務的中國企業，主營業務為房地產二手房屋買賣、租賃等仲介業務、商品房代理、餘房、空置房的連鎖銷售，並提供房地產金融等相關服務。

# 4-4 在網路免費行銷時代，他為何反對音樂免費？

「無論我們是天真，還是抱有美好希望，都是希望音樂能有更好的發展。」

「我們這個行業的最大問題是，我們都被網路拐騙了。」

「大概在 2006、2007 年前後，我們感覺到自己對 SP 的掌控能力越來越差。如何確保能有大紅歌曲，怎麼確保收入的穩定性，當時成為挺困難的事。」太麥早期高管表示。一方面是內容公司本身在尋找大紅下載歌曲上出現不確定性；而另一方面，SP 本身的問題也開始暴露出來。

這種問題的一方面是 SP 瞞報下載數字。例如之前提到的，宋柯認為太麥至少能從刀郎歌曲的無線下載中分成到 1 億人民幣的收入，最終卻只拿到 2000 萬。如此一來，原本內容方可拿到的 42.5% 分成，卻因隱瞞下載數量而被拉低到 10%，重新回到悲慘狀態。

另一方面是 SP 借助使用者下載音樂所形成的通道，向用戶推送令監管者和大多數使用者反感的大量服務。宋柯說：「如果 SP 當時第一不要做商業詐欺，第二不要借助音樂服務推其他亂七八糟的東西，我認為當時的產業已經足夠健康。」他甚至曾經期望 SP 營運商能夠在來電答鈴的基礎上，進一步「拓展更深入的音樂產品」。

羊東則在 2008 年稍晚時看出問題。正像一句電影臺詞所說，他和宋柯「猜中了開頭，但沒猜到結局」，他們預見到無線音樂下載和來電答鈴市場的大爆發，卻沒能保證自己從中獲得大收益。「很多我們預計的事情都發生了，來電答鈴的確應用量很大。我們投資太麥時手機來電答鈴市場是 10 億，現在來電答鈴市場接近 300 億。但沒想到的是我們還是收不到錢。」羊東說：「無論我們當時是天真，還是抱有美好願望，也都是希望這件事能有更好的發展。」

一直被宋柯認為可以單獨分出來融資上市的太樂網，在太麥運行 1 年多之後，也被放棄。宋柯說：「當時註冊會員已經超過 100 萬，每天的活躍會員達到 5 萬，是相當熱鬧的網上社區。放棄其實很可惜。」太樂網提供線上音樂翻錄、音樂分享和音樂社區服務。放棄的原因，一是宋柯認為做太樂網需要大資金；第二是因為他自稱「良心上過不去」。「我發現我沒法做這種事，這樣做我馬上就會收到同行發過來的律師函，說我用他們的歌侵權。雖然我已支付費用給中國音樂著作權協會，不怕打官司，但內心還是有點抗拒。」即使如此，中國移動對宋柯而言，還是扮演著善的一面，它貢獻著音樂版權收入中的絕大部分；而真正惡的一面是網路，「雖然開始給版權方錢，但我個人認為，基本上意思就是封口費」。

這讓宋柯的形象在外界看來有些矛盾。一方面，他是最早高呼「唱片已死、音樂永生」的唱片公司老闆，在內部開會時經常說唱片的形式已經落後於時代，相較於 1 年出 1 張專輯，他更傾向於 1 季發 1 首或幾首單曲。他最早動數位音樂的腦筋，在 2011 年時旗幟鮮明地宣佈太麥將轉型為版權管理和數位音樂開發公司。他這些言論無一不受到唱片行業的反彈，被批判為過於激進。但另一方面，在「免費」成為時髦的時代，他又是音樂行業中大力反對網路免費的衛道士，甚至表示這無異於盜版與偷竊。

他離開後曾對媒體宣佈過自己對行業的反思，其中他認為音樂產業衰落的原因是沒有兩個 40%：**第一，內容方從內容銷售收入分得的收益如果達不到 40%，就難以得到足夠的激勵讓這個行業足夠健康**，「去年，整個音樂產業在版權相關的收入上，包括銷售唱片、卡拉 OK、還是數位方面營運商與網路產生的收入，我認為是超過 300 億，但是版權方拿到的只有區區不到 5 億，不超過 2%」。**第二，在音樂行業中，內容方沒有一家公司或聯合體能占據 40% 的市場占有率，但在數位音樂領域，下游的管道商無論是中國移動、百度還是新浪，都是巨無霸公司，中國移動和百度甚至在行業內享有壟斷地位，這讓**

**內容方在與管道談判時毫無討價還價的能力。**

而在這兩個 40% 之上的爭論，就是關於「免費」的問題。Napster 和 MP3.com 被美國五大唱片公司告上法庭，成為包括勞倫斯·雷席格（註 103）在內的網路領域作家津津樂道的話題，並且在著作中頻繁引用。主流的觀點是，這是唱片業保守落後的標誌，因為音樂的大範圍傳播將會促進新的創造。《連線》雜誌主編克里斯·安德森這位網路思想家，在 2009 年出版的《免費》中，還將中國的音樂產業視為「免費經濟的現代化測試場」。

安德森認為：「新生代中國音樂人正在接受這個現實而不是主動出擊反盜版。盜版是零成本市場行銷的一種方式，是最佳市場推廣商。」他還引用一位被訪對象的話說：「在中國你一旦開始對音樂下載收費，就砍掉 99% 的聽眾。對於中國的中產階層而言，音樂是種奢侈品，屬於不當支出。」

但是很遺憾，宋柯顯然不屬於安德森所說的「新生代中國音樂人」。他喜歡安德森所提出的「長尾經濟」（註 104），因為他認為音樂正是長尾市場，但他堅決反對安德森所提出的「免費經濟」。

宋柯說：「或許音樂行業應該感謝網路，因為網路讓音樂得到海量傳播就把我給惹毛了。」**他堅持認為音樂的製作過程要花費龐大的製作費用，才能從詞曲和音樂家的創意轉變成可以聽的音訊，因此具備產品屬性，使用音樂**

**作品應當付費**。「音樂工業有很多體系，包括演出體系、經紀體系、版權體系、唱片體系。明確說來，對這個產業而言，唱片體系可以沒有，但版權體系一定要有。」

「這個行業的最大問題就是，我們被網路拐騙了。」宋柯認為在兩個方面，網路讓音樂產業失去自身的判斷。第一，音樂本身是不是產品，應不應該收費；第二，使用者究竟願不願意付費給音樂產品。針對網路傳播就是行銷這個說法，宋柯說：「您還真別客氣，如果我想要你行銷，可以付錢給你，甚至是買搜尋排名，但你只要用音樂，就一定要付錢。」

「網路是我們的上帝嗎？不是。網路就是當年那些唱片店，沒有任何不同。如果我們過去沒有免費把唱片給唱片店去賣，意味著現在也不能免費給網路。」

他回憶起自己在 2004 年時雄心勃勃地創立太麥的想法：「我覺得網路和手機應該能給我帶來新景象。」但是毫無疑問，網路和手機都讓他失望。當國產電影的票房目標已經從幾千萬上升到破億，再上升到 5 億、7 億，2010 年有 17 部國產電影票房破億，2011 年有 19 部，「億元票房俱樂部」成為一個新名詞時，2004 年擁有一個宏大夢想的太麥，其營收卻仍然徘徊在 4000 萬左右。

「哀其不幸，怒其不爭」到極致時，宋柯會說：「我覺得我們從精神上已經被人家（網路和行動網路營運商）控制了，基本上就是被人牽著鼻子走，一會兒賞根骨頭，一會兒給個小玩具什麼的。就是這麼悲劇的角色」，「唱片是最可憐、最沒反抗能力的行業，非常悲慘」。

註 103：美國學者，以提倡減少版權、商標、無線射頻頻譜上，尤其是科技應用方面的法律限制而出名。有「網際網路時代最重要的智慧財產權思想家」的稱號。

註 104：指原本不受重視，銷量小但種類多的產品或服務，因總量巨大而使累積起來的總收益超過主流產品的現象。

# 4-5 面臨數次挫敗，他仍然勇於堅持、持續思考創新模式！

宋柯選擇辭去太麥董事總經理的職務，這也意味著太麥曾有的上市計畫變得遙遙無期，軟銀賽富合夥人羊東承認這項論斷。2008 年 3 月 SK 電訊（註 105）宣佈戰略投資太麥，軟銀賽富還出讓一部分股份。

羊東對宋柯辭去行政職務表示理解：「現在行業就是這樣，僅憑一人之力沒辦法改變行業，這些都是結構性的問題。」而前述早期太麥的高管也說：「他有任何的轉變都是正常的。他做任何事情，也都會有自己的想法。誰也沒義務扛大旗。」

羊東說：「投資就是這樣。有些失敗的投資，回頭去看會覺得當時的確不該投；但有些投資，現在再重新回顧，會覺得回到那個時間點還是要投。太麥就是後一種。」他對宋柯褒揚有加：「在娛樂界，宋柯這樣的人很難找，他很聰明。有時候和演藝界的人談東西，談了半天對方也不知道是什麼，或者承諾後不算數。宋柯不同，他理解事情很快，說話誠信方面也相當不錯。」

他還將宋柯與完美時空的創始人池宇峰相比，認為兩人都對各自的產品音樂和遊戲有很好的理解。不過，「池宇峰在公司管理上要好些，宋柯畢竟是身處演藝界，更感性一些」。

宋柯的自我評價則是：「我覺得我身為商人，有幾個比較務實的目標，一是讓自己的員工在公司能學到東西，並且可以過不錯的生活；二是讓股東在投資上有回報。目前看來，大部分實現了。」

他確立太麥傳統版權管理和數位音樂開發的方向，留下一個穩定的管理團隊和還算穩定的收入，然後宣稱自己必須從第一線退下來思考和休息。

同時，他表示自己想為行業做一點事。第一件事是更努力地投入新一屆唱片工業委員會中。他希望唱片工業委員會能將內容製作者團結起來，才能在面對版權的銷售管道方時，提高議價能力，爭取到更多的收入分成。

然後，「有點錢後，我建議行業本身也要做一些重大變革」。這個重大變革在他看來，是一種繼 MP3 之後的新音樂產品。

宋柯一直認為 MP3 只是一個過渡階段的音樂產品，「它在音訊上要比 CD 更加清晰，要更容易保存，而且要具備和音樂相匹配的氣質，不像 MP3 那樣只是一個音訊檔。它可能是比唱片更有趣的新概念」。**「如果真有一個非常厲害的新產品，它的格式受到行業認同，消費者也認**

**可，等商業模式成熟後，可能就能回到當年唱片的黃金時代。」宋柯說。**

他甚至希望這種變革能從中國開始。他談起和陳天橋見面時，陳天橋曾提及盛大如何利用免費來改變全球網路遊戲的商業模式。這種新商業模式不再像傳統網路遊戲利用遊戲點卡來收費，轉而變成零成本進入遊戲，但透過銷售道具和器材來盈利。它讓網路遊戲的收入擺脫原先的時間限制。宋柯認為：「只需要一個天才式的主意。」

至於烤鴨店，他也沒閒著。他甚至興高采烈地宣佈自己早該開餐館：「像我這樣人緣好的人適合開餐館。特別親的朋友不能做生意，但是可以一起吃飯呀！」

試營運期間他幾乎天天待在鴨店，遇上熟人還提供陪吃服務。沒事時也喜歡鑽進後廚，而且越來越手癢，雖然他說除了當年追女孩以外，自己沒做過飯。他說：「我不玩票。」

熟悉他的人都會說，這事肯定還沒結束，老宋又不知道在琢磨什麼。宋柯第一次訪談時否認自己要「殺回去」，第二次則承認：「我既然在這個行業做過這麼多年，還是希望有一天能產生革命性的變化，而在這個過程中，我應該在裡面，而不是黯然退出或置身事外。」

他說：「說得文藝點，這是個偉大的行業。」

他誇獎鴨子而斥責音樂產業悲慘的言論可能已經讓他受到壓力，或者令他自己覺得不妥。當攝影師希望能在後廚拍攝他和令他自豪的烤鴨的照片時，宋柯拒絕了：「我不太想給人留下一個印象，老宋真的絕望並烤鴨子去了。」

註 105：韓國最大的行動通訊營運商。

## 單元思考

「一句『或許音樂行業應該感謝網路，因為網路讓音樂得到海量傳播』，就把我給惹毛了。」宋柯說。他堅持認為音樂的製作過程要花費龐大的製作費用，才能從詞曲和音樂家的創意轉變成可以聽的音訊，因此具備產品屬性，使用音樂作品應當付費。

「音樂工業有很多體系，演出體系、經紀體系、版權體系、唱片體系。明確說來，對這個產業而言，唱片體系可以沒有，版權體系一定要有。」

熟悉他的人都會說，這事肯定還沒結束，老宋又不知道在琢磨什麼。宋柯第一次訪談時否認自己要「殺回去」，第二次則承認：「我個人的想法是，既然在這個行業做過這麼多年，還是希望它有一天能產生革命性的變化，而在這個過程中，我個人應該在裡面，而不是黯然退出或置身事外。」他說：「說得文藝點，這是個偉大的行業。」

NOTE

/ / /

NOTE

/ / /

“

**松下幸之助為了以商人的身份賺錢，而不停地戰鬥。然而，在他看來，這種戰鬥並非他的本能。他抱著崇高理想，對於任何困難險阻，都能泰然處之，並以極強的忍耐力，加以克服和解決。**

——《松下幸之助自傳》

”

Chapter 5

AI 時代企業　綠城

# 未來企業最重要的資本不只是賺錢，而是……

**面對破產疑雲，他的做法是……**

曾有人在微博上散播傳言指稱綠城破產，宋衛平聽從朋友的勸告，在綠城官方網站上發表一篇理性平和的千字文來回應此事。後來部屬查出發微博的人是任職於旗下所屬學校的老師，原本打算對他採取法律手段，但宋衛平將員工視為自己的孩子，發簡訊安慰對方：「只要有我在，有你這樣的員工在，公司一定會一天一天好起來。不管公司面臨怎樣的困難，我們都會不離不棄。」

**為何員工對他忠誠度極高？**

宋衛平對員工極為苛刻，會怒聲呵斥、拍桌子，甚至將杯中的水直接潑過去。但是他的員工忠誠度極高，因為他對員工極好。豬肉價格上漲時，他為每位員工家庭發放食品補貼；為了應付高漲的房價，他也給每位員工發放住房補貼，讓他們能在公司附近租房子。

**關於經營之道，他認為……**

宋衛平信奉松下幸之助的經營哲學：促進社會繁榮才是企業賺錢的真義，賺錢是整個社會不可或缺的義務和責任。獲得利潤的企業往往也能同時使社會獲得利益，若是經營沒有獲得利潤，可以說是因為它對社會貢獻太少，或者沒有完成所擔負的使命。而企業的使命和社會責任就是

「創造更好的東西，以更便宜的價格供應給大家」。

在不景氣時，他效仿松下電器的做法，絕不虧待員工，而是更致力強化員工銷售能力。

**對於中國住房問題，他建議……**

關於住房問題，宋衛平認為政府可以在制度設計上分成三部分：保障房系統、雙限房系統和商品房系統。只要其他社會公共資源能做到公平，就能促成低階層人群向高階層的有序流動，住進更好的房子。而商品房的銷售可以發揮轉移財富的作用。他相信人類歷史的基本結構就是一部分人先富起來，帶動許多人往上走。

**對於社會公益事業，他認為……**

綠城是中國最大的保障房代建公司之一，宋衛平相信為農民和低收入階層蓋房子，是在為最大量的人造好房子，也是行業的榮譽。他說：「現在願意做保障房的房地產企業並不多。但你要稍微引導一下，不要把房產商當作城市或社會的敵人。你說你們也是好人，當然要做點好事，數量就會大大增加。」

# 5-1 熱愛競技的地產大亨，如何面對中國的房地產宏觀調控？

“

**李翔按**

發生在這個男人身上的戲劇性故事並未就此結束。

2014 年 5 月 15 日下午，融創中國（註 106）宣佈收購綠城中國不超過 30% 的股份，並由另一位頗具傳奇色彩的大亨孫宏斌入局綠城。孫宏斌先前就對宋衛平和綠城讚不絕口，並且在綠城遭遇寒冬時多次發言力挺。

兩天之後，宋衛平發表公開信表示「天下本一家，有德者掌之」。他要把自己一手創立的公司交給「更有鬥志、更有熱情，也更有能力的人去做」。在杭州黃龍飯店，綠城與融創聯合舉辦的發佈會上，宋衛平幾乎包攬全場的發言和提問。他閉著眼睛，雙手緊握著麥克風，像一個開告別演唱會的歌手，接住記者拋來的一個又一個問題。孫宏斌則在一旁面含笑容，安靜地坐著。

宋衛平將綠城託付給一位尊敬他也贏得他信任的地產大亨，人們以為這會是最好的結局，但不到半年，事情突然生變。11 月 5 日，宋衛平宣佈重返綠城，理由包括屋主對品質問題的大批投訴，以及合作者對融創團隊銷售策略的異議。於是宋衛平決定毀約，以維護綠城的品質、口碑和文化。

取而代之的是，他引入央企中交集團（註 107）。這家央企巨無霸成為綠城的大股東，而宋衛平則回到綠城，重新操盤。

商業與理想主義的衝突，在宋衛平身上一再上演。

”

所有的人都在等他。

此刻正是一年中最好的時光，4 月江南的空氣溫暖而濕潤。人們三三兩兩坐在杭州郊外一處度假酒店的露天咖啡廳內相互交談著。咖啡廳的下方是游泳池和草坪，三隻孔雀正在草坪上悠閒地散步。直到一隻藏獒與一隻薩摩犬的出現，打破這種寧靜，連咖啡廳裡的人群也紛紛起身去看這兩隻大狗。

不遠處是一片濃郁的綠植。參天的古樹之後，隱藏著幾幢別墅。從下午兩點開始陸陸續續來到這個郊區度假酒店的人，大都是在等待其中一幢別墅的住戶出現。

在外人看來，此人是一名性情古怪的大亨、真正的理想主義者、有著文人脾性的商人；一名勇敢打黑的正義之士，但也有人稱他是個與官員關係可疑的地產商；一個極具個人魅力的小王國獨裁者，缺乏耐心、脾氣暴躁，但又深得其員工的愛戴；是一個從 2011 年到現在一直被流言蜚語所困擾的人。

他們知道自己不必過早抵達，因為他們要等的人往往是在中午之後才起床梳洗，準備開始工作。即使等到這位大亨吃完午飯，笑呵呵地從別墅走到咖啡廳來，也只表示必須靜靜等他按照先後順序見客，看何時能輪到自己。他們早已訓練出耐心，有人說他最長的等待記錄是 9 個小時。當等待的時間過長時，他們有時會擔心，可能有人搶先一步，等在路上攔住這位大亨，向他表達自己的見解，「你不要以為沒有人敢這麼做」。

這間度假酒店與別墅屬於 54 歲的宋衛平所有，他在此工作和居住，還養了兩隻大狗。**他創辦的公司「綠城」是中國大陸最大的房地產公司之一，2011 年曾受困於中國政府對房地產進行的宏觀調控，甚至數次傳出資金鏈斷裂、破產和被收購的流言。他領導的這家公司，目前正在緩慢而謹慎地從困局中穿行出來。**

2012 年 4 月 17 日，綠城將自己擁有 70% 權益的上海長寧區天山路專案，以 21.38 億元的價格出售給 SOHO 中國（註 108），從中獲得 16.16 億元資金。這是 2010 年 2 月時，綠城在上海拿下的專案。就在兩個月後，2010 年 4 月 14 日，當時的中國總理溫家寶在國務院常務會議上部署被稱為「新國四條」（註 109）的地產政策，從此以後開始了宏觀調控，這項政策後來被戲稱為中國大陸「史上最嚴厲」的地產調控政策。

「我們那時還抱著僥倖心理。雖然知道這是個雷區，還是想快速穿越。現在看來，終於還是絆在這個地雷陣裡。一會兒爆炸一個，這裡受點傷，那裡受點傷。」姍姍來遲的地產大亨感慨地說：「但你還是要想辦法穿越。」

儘管綠城集團在杭州市中心擁有辦公樓，但宋衛平卻已經極少再到那裡辦公，甚至將自己的外出降到最低限度。他把活動範圍縮小在他所居住的別墅和這間酒店的咖啡廳之間，並將咖啡廳內一間可以容納數十人的英式酒廊當作辦公室和會議室。天氣不錯時，他也喜歡坐在戶外。當他要召開會議，或者向部屬交代工作時，他會用一台老舊的摩托羅拉手機來撥打電話——他是個念舊的人，這款手機在市面上幾乎已經消失，他卻寧願讓人四處尋覓同樣的款式，而不願更換成更加時髦好用的手機。接到電話的部屬們會開車穿越杭州的景區，在半個多小時後來到酒店，等待會議開始。

杭州城內至今流傳著宋衛平早年在拉斯維加斯豪賭的故事，但這已成為歷史。因為他再也難以忍受長時間搭乘飛機，他罹患「幽閉恐懼症」，已不再坐飛機旅行。當他必須長途旅行時，會帶著 2 名司機，開著他那輛看起來陳舊的全進口運動休旅車 Volkswagen Touareg 出門。但是他仍保留著對「賭」的熱愛與美國生活時間。每天下午到深夜是他的工作時間，部分同事甚至會在深夜兩點半接到他佈置工作的電話。

宋衛平說：「我是天蠍座，比較適合晚上活動。蠍子白天都不活動。」他也是星座與血型的信奉者。天蠍座，A 型血，綠城的員工都知道。

至於賭，在朋友看來，宋衛平只是喜歡一切帶有競爭性的東西。《杭州日報》文體部的負責人杜平說：「所有的比賽他都喜歡，他熱愛競爭，幾乎喜歡所有的運動。」杜平在 1996 年結識宋衛平，當時宋衛平剛創立綠城 1 年。他們同樣屬狗，宋衛平剛好比杜平大一輪。

他有多熱愛競技運動？

他擁有一支中超（註 110）球隊。2001 年的足球打黑運動曾經讓宋衛平成為體育新聞中的熱點人物。

他下象棋，也下圍棋。儘管他自稱只是業餘選手，但杜平說：「我花很多時間在圍棋上，他不太有時間下，但我不一定下得過他。」

他打橋牌，這點倒是毫不謙虛地說自己是專業水準。杜平表示他的水準可以進國家隊。宋衛平說：「因為我懂牌理，橋牌的很多境界和基本範疇，我已經弄得非常清楚。」據說，1978 年後中國大陸出版的第一本講橋牌規則的書，編寫者正是宋衛平。

不知道為什麼，他對游泳有特殊的情感，認為會游泳的人擁有不同的世界觀。他建造的每個社區都修建了游泳池。綠城有一項「海豚計畫」，是因為他希望 3 ～ 12 歲的孩子都學會游泳，於是要求物業統計社區內共有多少該年齡層的小孩，然後上門做工作，「只要沒有先天性疾病，全出來游泳」，提供這些孩子 20 天的免費專業教練游泳訓練。綠城物業擁有超過 20000 名員工，是中國最大的物業管理公司之一，他還要求自己的部屬袁鳶在期限內學會游泳，否則她將得不到升職和加薪的機會。會游泳才能升職加薪，這條規定適用於所有綠城員工。

註 106：中國地產發展商，由孫宏斌創立。

註 107：由中港集團及路橋集團合併而成，主要從事交通基建建設、基建設計、疏浚及港口機械製造業務。

註 108：中國商用房地產發展商，主要在北京市中心發展及銷售商用物業。

註 109：中國為遏制部分城市房價過快上漲而實施的政策措施，分別為抑制不合理住房需求、增加住房有效供給、加快保障性安居工程建設、加強市場監管。

註 110：即中國足球協會超級聯賽。

# 5-2 面對行業困境，他不僅加強銷售，也努力向社會發聲

約定的時間過了將近 1 個半小時，這位地產大亨才走出他休息的別墅。他的生活秘書用簡訊將這消息通知等著他的工作助理。當他走上露天咖啡廳的陽臺時，引發一陣小小的喧嘩。等待的人群紛紛站起來跟他打招呼，他也停下跟人們簡短地寒暄。

從外表看來，他是個溫和的中年人。身材中等，體型略胖，一臉的笑容，並沒有流露輿論中渲染出的那種咄咄逼人。他頂著一頭花白凌亂的短髮，衣著普通，就像隨處可見的路人一樣。他表示自己每次理髮只需要花 10 分鐘時間，省去洗頭的環節，簡單地讓理髮師剃短，然後付錢離開。衣服則大都由家人（例如姐姐）代買，買什麼穿什麼，連商場在哪都不知道。不過讓人稱奇的是，這樣一個人在討論菜價和消費者物價指數時卻頭頭是道。

坐下來談話時，他習慣搭配人民幣 10 塊錢的萬寶路香煙和加冰的可樂。和大多數男性喝可樂時的習慣不同，他不排斥用吸管。他會端起玻璃杯，很投入地用吸管啜飲

杯中的可樂。午餐則可能是花生米、螺螄和紅燒肉，黃瓜算是餐後水果。這些都是他最喜歡的食物。

接受訪問對他而言是件嚴肅但又隨意的事。在接受訪問前，他會向部屬認真地打聽來訪者的詳細資訊：年齡、畢業的學校以及所學的專業，他更喜歡學習歷史或哲學的人。有位曾訪問過他的記者說，他會問對方：「你看過某本書嗎？」如果回答沒有，他就會教訓對方：「這本書你都沒讀過，你還靠寫字為生！」在我訪問時，他還和我爭論起《約翰・克利斯朵夫》（註 111）究竟是以貝多芬為原型，還是羅曼・羅蘭以自己的經歷寫就。

他不像許多商業大亨一樣企圖用某種形式來接近政治，例如擔任政協（註 112）委員。但是從他接受採訪的頻率以及媒體來看，似乎又想傳遞自己的聲音，希望能被決策者聽到。他在 2012 年的全國兩會（註 113）前接受兩家媒體的聯合訪問，其中一家之所以獲選，是因為它聲稱自己的雜誌將被擺放進兩會會場。他也接受新華社的訪問，大談他對宏觀調控以及如何解決城市住房問題的看法，並且呼籲政府和輿論能夠公正地看待房地產商人。

雖然綠城是一家擁有數萬名員工的大公司，但在 2011 年媒體大肆報導它的困境之前，它甚至沒有公關部門，所有面對媒體的工作都由宋衛平個人完成。畢竟，在由他和李書福（註 114）掀起的足球打黑時期，他成功地應對大批來訪的記者，「那時應該凡是大一點的媒體都來過杭州，雲集熱鬧的程度不比後面的瀋陽專案（註 115）低」。但是蜂擁而至的各種負面新聞還是讓他有些招架不住。他作出讓步，組建一個 3 人的公關團隊。他抱怨：「你們的解讀變成社會輿論的基本內容，經常成為決策的依據，對上面來說，代表民情和輿情。」和媒體溝通的另一個目的，正是擔心「你們一知半解，把我們描黑了」。

在長時間的談話過程中，他習慣於閉著眼睛。他的眼睛本來就不大，當他笑起來時，眼睛會變成一條窄縫。這個不知何時養成的新習慣更是讓攝影師困擾，因為很難抓拍到他睜著眼睛的肖像照。而他的部屬也要向每位客人解釋：「他不是不尊重你，只是在思考。」他還經常把訪問變成他的獨白。在他超過 1 個小時的演講結束之後，記者才有機會插嘴發問。他會開玩笑說自己不要變成祥林嫂（註 116），總是在談論宏觀調控、城市化與土地政策。但毫無疑問，這是他最熱衷的話題，幾乎貫穿每次採訪。

他解釋自己晚到的原因是昨晚的飯局，席間的飲酒讓他整個中午昏昏沉沉。飯局的另一位主角是一名他不願意說出名字的銀行家，他在 2011 年年底購買綠城 6 億元的房產。宋衛平說：「他在中國現有的環境，能夠從典當鋪做起，開設純粹的民營銀行，在我見過的浙商裡是第一人，在我見過的全國銀行家裡，我認為也是第一。因為他沒有家庭背景，沒有任何人脈關係。」

一方面是對這名銀行家的欽佩，另一方面「儘管他壓了很多價錢，但畢竟最後還是買下房子。而且那時從我們的角度講，這不光是一單買賣，甚至可以把它理解成雪中送炭」。第三個原因是宋衛平希望此後能夠與這位銀行家進行金融上的業務往來。因此他主動向對方敬酒，「喝了10幾杯，3小杯就是1兩。15杯就是半斤白酒」。而他的酒量，「狀態不怎麼樣的時候，半斤也就差不多了。剛好達到量」。

從2011年下半年開始，他就賣力地為綠城推銷。他會開玩笑要每個來見他的人介紹客戶，他給包括自己在內的辦公室3人組定下的業務額度是4.5億。他用「你若來了，便是春天」的招聘海報，向全社會招聘業務人才。在綠城的經紀人體制下，將獲得高額的提成作為回報（成交傭金為0.8%～1.5%，據稱是行業水準的2到3倍）。不光是公司的簽約經紀人可以獲得這種待遇，即使是與綠城全無關係的人，也可以憑藉介紹客戶來獲得提成收入。

宋衛平甚至曾在一次會議上發完脾氣後，取消全公司原定的10多天春節長假，改為法定的7天，藉此整頓業務。他的同事說，他喜歡開「務虛會」。而且他開會的習慣是，一邊講一邊點出某位同事的名字，「這時候如果你不在，那你就慘了」。改變春節假期的決定，正是在宋衛平點出很多專案執總的名字，卻發現多人缺席後，勃然大怒而做出的。

被媒體廣泛報導的綠城「自救」方式，包括組建經紀公司來加強現有房產行銷力道、出售專案給其他房地產公司（例如之前曾提及將上海天山路專案出售給潘石屹的SOHO中國），以及與包括中投等財大氣粗的公司進行合作，獲取融資，媒體稱之為尋找「金主」。

註111：法國作家羅曼·羅蘭的長篇小說，共10卷，1915年作者因這部小說而獲得諾貝爾文學獎。

註112：中國人民政治協商會議，委員是從中國各領域、各界具有代表性和有社會影響、有參政議政意願和能力的人士中，以協商推薦的方式產生。

註113：全國人民代表大會會議和中國人民政治協商會議全國委員會的合稱。

註114：中國汽車製造商吉利汽車的創辦人及董事長。

註115：2013年中國全運會會場設於瀋陽，2010年綠城在此地開工興建全運村後，政府藉機在當地推動房地產開發和招商引資，引起一陣開發熱潮，但由於配套不當加上當地經濟疲弱不振，如今幾乎成為一座鬼城。

註116：魯迅短篇小說中的虛構人物。

# 5-3 如何挺過流言危機？用真心博感情，不對散播者窮追猛打

或許可以用一句已成陳詞濫調的話來描述危機的引爆：「風起於青萍之末」。

2011 年 11 月 1 日晚上，宋衛平並沒有出去應酬，而是在家中用晚餐。姐姐為他燒了一條魚，根據《杭州日報》的報導，「宋衛平吃得很開心」。

宋衛平沒有孩子，他和家人的關係即使是朋友談到也諱莫如深。一名部屬表示自己很好奇他對家庭的態度，因為他在接受訪問時聲稱，如果自己有一點成就感，那就是能為數十萬人帶來良好的居住體驗。宋衛平為人們造家，但在公開媒體上卻孤獨而落寞。不過他與母親和姐姐關係親密，一直與母親住在一起，據說到哪裡都會帶著母親。家裡最有威望的則是姐姐，「不管是誰跟他有什麼事說不清、說不好，找他姐姐去說就有可能成功」。

但是這種美好時光卻被一則微博打碎，11 月 1 日流傳在微博上的一則破產傳言，將綠城困局在輿論上推到高峰。宋衛平聲稱自己是在深夜接到記者的電話才知道此

事，他不上網，更別提看微博。後來部屬為了讓他知道每日發生的新聞，會將相關資訊收集成一份報告，送到他居住和工作的酒店。部屬後來為了免去這種麻煩，曾嘗試教他使用 iPad，但始終沒敢向他提出。

宋衛平的回應是一篇發表在綠城官方網站上的千字文。儘管他的一貫風格是對這種事情置之不理，但這一次他聽從包括杜平在內的人所給予的建議：「對破產傳聞應該回應，但一定不要反應過於激烈，那樣反而給人欲蓋彌彰的感覺，要盡量理性平和。」

這件事少為人知的後續是，他的部屬找出發微博的人，是綠城所屬育華學校的一名年輕老師。綠城的教育在杭州同樣知名，它涵蓋從幼稚園到高中的各級教育，育華的初中部據稱可以排進杭州中學的前三。宋衛平曾經對人說自己有兩個半產業，分別是：地產、教育和足球。一名綠城的工作人員說：「老闆認為教育才是讓他是有歸屬感的產業。」宋衛平還說過，自己最終的職業可能是一名老師或僧侶。

執行總裁對宋衛平說：「宋總，我們找到了發微博的人，已經準備對他採取法律手段。」

宋衛平正在喝茶。聽完後，他把桌子啪地一拍：「你想對他採取什麼樣的法律手段？」

他教訓這名高管：「我更願意將這件事理解成是員工對自己公司的關心。而且這個孩子現在已經處在無邊的恐懼中，你再去這樣懲罰他，是人都幹不出來。」

沒有孩子的宋衛平說，如果是自己的兒子，他在外面發生這樣的事，面對這樣大的壓力，還被別人以這樣的方式對待，自己會很心痛。他發了一個簡訊安慰這名年輕的老師，表達自己的理解，還說：「只要有我在，有你這樣的員工在，公司一定會一天一天好起來。不管公司面臨怎樣的困難，我們都會不離不棄。」

稍稍瞭解宋衛平和綠城的人會知道，他對員工極為苛刻，會怒聲呵斥、拍桌子，甚至將手上杯子中的水直接潑過去。後來他的高管甚至開玩笑總結說，彙報工作時最好派一名女性高管去，因為宋衛平一看到自己將對方罵哭就會不知所措，於是開始轉而安慰對方。

但是他的員工忠誠度極高，因為他對員工極好。豬肉價格上漲時，他為每位員工的家庭發放 600 元人民幣的食品補貼；為了應付高漲的房價，也給每位員工發放 1200 元人民幣的住房補貼，讓他們能在公司附近租得起房子。

**宋衛平自己的解釋是，即使是合格的工作者，有時也有「業餘的地方」，「甚至可能讓人無法容忍」。但是同時「他們有可愛的地方，理應得到尊重，理應是團隊的有機組成部分」。**

他用千字文安慰媒體，用簡訊安慰自己的員工，但這並不是代表他一直是胸有成竹。在 2011 年年末最艱難的時光裡，有一次，他通知幾名同事到西湖邊南山路上的錢王美廬餐廳「吃飯並彙報工作」。這家湖邊高檔餐廳同樣屬於宋衛平所有。這些人去的時候發現旁邊已經有幾桌人在等宋衛平，輪著跟他談事情，這是他的一貫作風。等到宋衛平終於過來的時候，已經有點喝多了。

「他很委屈。他反覆念叨好幾遍：我只是想讓這個世界更美好。」接下來更為誇張的事情是，他們竟然看到宋衛平哭了，他先前給人留下的印象一直是氣場強大的強人。他自己也喜歡以「能者」和「賢者」自居，信心十足，自傲且自負。在名片上，連自己在公司中的職務和抬頭都不印，只有「宋衛平」三個字。

他還跟幾個關係很好的高管說了一些肝膽相照的話，說哪怕將來公司真的不在了，大家也還是可以一起在西湖邊喝茶。

宋衛平後來對媒體表示，綠城曾經數次逼近最危險的時刻，例如：「銀行明天要 5 億，但錢今天才能到賬，這種情況出現過幾次，有點煎熬」。比爾・蓋茲曾經如此描述自己的危機感：「微軟距離倒閉只有 24 小時。」對於綠城而言，這也一度成為現實。

已從綠城手中收購兩個專案股權的潘石屹回憶：「綠城那時候的生命，都是按天來數的。就這幾天，如果錢不到位的話，就要出大問題。」當 SOHO 中國從證大（註 117）和綠城手中收購第一個專案時，綠城有一筆 4.7 億的賬必須在 2011 年最後一天支付，但復星集團（註

118）和 SOHO 中國卻在一邊打口水仗（註 119）一邊猶豫。綠城副董事長壽柏年因為牙疼而托著腮幫對潘石屹說：「你再不簽，我就要沒命了。」

這種落寞場景在 2008 年宏觀調控時也曾經出現過。杜平印象深刻的是在黃龍體育場綠城主場迎戰國安（註 120）的比賽。綠城輸掉這場比賽，現場哀鴻遍野。球隊老闆宋衛平一個人坐在體育場的看臺上，周圍沒有人，因為大家都怕他會發脾氣。這時，杜平從遠處看到他一個人孤零零坐在那裡，一動不動，花白的頭髮一片凌亂，「感覺格外孤獨和淒涼」。

不過，那一次的故事後續是個好的轉折。儘管綠城在 2009 年 5 月 4 日也曾一度面對一筆 4 億美元的高息債務待償危局，但最終靠信託化解險境。而且隨後推出的經濟刺激政策還讓綠城成為房地產市場的大贏家，以 510 億的銷售額成為中國當年銷售第二大房企，僅次於萬科。

註 117：中國的房地產開發公司，主要業務是在上海發展住宅及商業物業。

註 118：中國最大的民營綜合企業控股公司之一。

註 119：2011 年底，綠城等公司由於財務問題而出售共同持有的專案「上海外灘 8-1」50% 股權給 SOHO 中國，此專案分別由復星國際、上海證大、綠城及上海磐石以 50%、35%、10%、5% 比例持股。但復星認為SOHO中國與證大、綠城、磐石的單邊收購侵害己方的優先認購權，違反股東協議，因此演變為對簿公堂。

註120：中國足球超級聯賽的球隊，全名為北京中赫國安足球俱樂部。金任董事長，也是華億傳媒有限公司非執行董事。

# 5-4 重視文化與理想，他期望靠建設來回饋社會

這種讓看客與觀者都感到牽腸掛肚的戲劇化場景，或許正是由埋在他性格與經歷之中的某些因素所導致。瞭解過他的故事的人都會感慨，這個人根本不應該是個商人——儘管他已經成為一名成功的商人。

宋衛平所接受的教育是成為一名胸懷天下的知識份子，而不是「重利輕別離」的商人。他出生在浙江的嵊州，自幼家貧，但酷愛讀書。後來他個人出資成立的香港丹桂基金會在嵊州捐資 1 億港幣建立一所越劇學校，環境和他最為自豪的房地產專案桃花源相似。這所房地產專案，購買的屋主中包括許多浙江名流，例如阿里巴巴集團創始人馬雲。

恢復高考（註 121）之後，他進入杭州大學歷史系讀書。這所學校後來被併入浙江大學，宋衛平有時會開玩笑說他有「亡校之恨」。同班同學壽柏年後來成為他創辦和經營綠城時的得力拍檔，有人評價說：「他就是老宋的周恩來。」另一家房地產公司南都集團的創始人周慶治也是

宋衛平和壽柏年的同學，他後來將自家公司出售給萬科。

宋衛平在創辦綠城後，總喜歡說由於公司的創始人都是學習歷史出身，為公司帶來很大的優勢，因為這必然給公司的地產專案注入深厚的人文色彩。**在面對聽眾時，他喜歡講城市的歷史，以及建築與人、自然、社會的關係。他立志要在城市中留下美好的建築，看問題時也總是習慣以數十年後的角度來考慮。**例如，綠城建案的很多樓盤外牆都是明黃色色調，這是因為儘管明黃色的新建築顯得有些老氣，但經過 20 年後仍然不會發生太大變化。這種色調正是宋衛平決定的。

我問他這樣的教育背景，除了優勢以外是否會為公司帶來劣勢，他先是一口回答「沒什麼壞處」，隨後又說：「只是有時候顯示出不太會賺錢，或者賺錢賺得不夠漂亮。」他也承認，自己喜歡討論的文化、社會或價值體系的話題，不像是公司範疇，更像是學校和研究機構討論的問題。

對於這些超越商業利益的價值考量，讓綠城的營業利益率一直不高。這次危機中，媒體也總喜歡攻擊綠城的「高負債、低利益率」。宋衛平追求的是將東西做好，他經常說的一句話是：「這個花不了幾個錢的。」

杜平說：「他是一個很好的資源整合者，不在乎利益。別看他有那麼多專案，其實很多專案中他並不是最大的受益者。」

綠城在 2009 年脫險甚至規模變大後，持續奉行的激進拿地政策，在 2011 年下半年公司進入困局後一直受到媒體指責。究其原因，其中不乏宋衛平個人性格和追求的關係。杜平表示：「他那時候常說，他去拍地王，其實常常算起來是沒錢可賺，但為什麼要去拍呢？他是怕人家拿走之後，把地做壞了。但他拿下來後，卻又一時不知道怎麼弄。」

而且，由於宋衛平對綠城的控制力極強，他在某種程度上成為這家公司的「主機」。他沒有精力與時間去考慮的事情，自然也就積壓下來。杜平表示甚至能在他的桌上看到 1 年前的文件都還沒批。

他自視為文人，對知識份子也有一種天然的親近。朋友也都認為他有士大夫之風，有「文人性格」。畢業 30 年後，2012 年 1 月，宋衛平提議將同學會開到學校裡。他爬了四層樓，來到歷史系的新辦公室，看到過去的老師，也就是一群平均年齡 82 歲的教授，他說：「看到他們坐在那裡我就知道，原來城市的寶貝是這些人。**一個城市要有價值，最好能有更多這種老頭和將要變成老頭的文化人。……他們在建構社會的價值系統，防範人類有更多的戰爭和罪惡，價值非常巨大。**」

24 歲時，他從大學畢業，但並沒有停止大量的閱讀，他製作上萬張讀書卡片，「我從那些讀書卡片中吸取到的東西，構成現在做人做事的態度、立場和方法論」。

他在畢業後的5年時間內擔任舟山黨校（註122）的老師，直到1987年主動離開並南下珠海，到一家電腦公司工作，「那時候其實已經不太可能有回頭路了」。

這一年他30歲。他說，30歲以後，自己註定只能做一名企業人。隨後他經歷了個人認定的「人生中最艱難的時光」。這段期間的艱難甚至遠遠超過他在2008年和2011年所經受的宏觀調控的煎熬。「是那一段故事造就綠城，那段時間裡見過的人和事，為綠城打下非常好的基礎。我從一個員工做起，做到這個企業的負責人，應對過很多危局。如果沒有過去的艱苦發展，就不會有後來的綠城，說不定在中途就死掉了。」這些故事和另外很多事情一樣，他建議留待下次再講。

他自稱當自己在1994年回到杭州時，由於「學無專長」，為了「謀生」，於是和大學同學壽柏年創建這家名叫綠城的公司。但他並無意久戰。他覺得很痛苦，在這個社會中「教書也教不成，發言也發不成，做事還要看別人臉色，要跟很多政府機關打交道，要求人，求人又是件滿痛苦的事」。

「剛開始做綠城時，其實心裡很清楚，就是要解決謀生問題。當時我估計做個3～5年能賺到幾百萬上千萬的錢，賺完後就乾脆找地方養老。」

在綠城做到第三年時，已經成為杭州城內銷售額最高的地產公司，但團隊還小，只有幾十名員工。宋衛平面對的抉擇是，還要不要繼續走下去，「不做下去有點可惜，做下去又很辛苦、很吃力，還要去求人」。

他發現自己很難一走了之。這個文人氣質濃厚的創始團隊在創業時期的基本承諾是，5 年內讓每個人拿到一間房子，然後分到幾十萬人民幣，「但是現在，他們仍然無法養家糊口」。

與此同時，宋衛平開始有種強烈的感覺：「在這個行業裡，做小公司不僅沒有意義，甚至無法生存。必須要做強做大，發展到一定規模。」而一向自負的宋衛平又認為：「要把這個公司做起來，憑我的感覺不會有問題，努力做好才是比較難的事。」

他表示自己「默默咬緊牙關」，「去尊重那些本來就應該尊重的人，還要尊重那些本來或許不願意去尊重的人，努力溝通與表達」，「你努力發展壯大後，別人因為你的業績和成就，多少也會對你有點尊重。政府機關在與你打交道時，也多少會比較客氣、平等，講一些道理」，「如果你是個小公司，人家就要跟你講緣分或其他東西」。

也就在這時，他重新閱讀松下幸之助：「當我在 32 歲看到《松下幸之助全集》時，我認為它無非是管理者的一般論述。等到我自己做企業，碰到一些非常現實的問題，親身經歷過後再去看松下的書，讀他的故事和體會，就變得非常親切。」

他甚至說：「松下的全集，5 卷你只需讀通 1 卷，就可以做出一個七八成優秀的公司。」

**松下幸之助對宋衛平的意義，在於幫他找到商業的意義，讓他不再為自己所做的事感到痛苦，不再隨時萌生抽身而去的念頭。**

宋衛平後來說，如果你是一個天生的偉大商人，並能早一點讀到松下幸之助的著作，將有助於更徹底地理解和達到這一境界。他開始在公司內部反覆提到：「偉大的商人應該能領悟到為何賺錢，賺錢做什麼，會對別人和社會產生怎樣的影響。」

松下幸之助對這個問題的回答是：**促進社會繁榮才是企業賺錢的真義，賺錢是整個社會不可或缺的義務和責任。獲得利潤的企業往往也能同時使社會獲得利益，若是經營沒有獲得利潤，可以說是因為它對社會貢獻太少，或者完全沒有完成所擔負的使命。而企業的使命和社會責任就是「創造更好的東西，以更便宜的價格供應給大家」。**

宋衛平將松下幸之助的著作視為公司的聖經，並編輯成內部出版資料，讓每位員工閱讀。我們所引用的這幾句話，也出自宋衛平贈送的松下幸之助作品。宋衛平說：「你每翻一遍會有更多一些的感悟。」

他一定有在書中看到，松下電器也曾經面對每天苦惱支票到期必須馬上支付的窘迫境況，而他在不景氣中採用的方式，和松下電器採用的方式竟然也有些相像。在

1929 年和 1930 年的經濟大衰退中，松下幸之助的應對方法是：「生產額立刻減半，但員工一個也不許解雇。工廠勤務時間減為半天，薪資仍照全額給付，不減薪。不過，員工必須全力銷售庫存品。」面對困境，宋衛平也是絕不虧待員工，而是更致力強化員工銷售能力。

註 121：高考就是中國的大學入學考試制度，曾因文化大革命而中止辦理，後於 1977 年恢復舉行。

註 122：在舟山市委直接領導下培養黨員領導幹部和理論幹部的學校，是培訓輪訓黨員領導幹部的主管道，也是共產黨的哲學社會科學研究機構。

## 5-5 不僅追求品質，更期望為低收入階層蓋好房子

宋衛平與松下幸之助的不同在於，松下希望將自己的產品越做越便宜，甚至能夠像自來水一般充裕，藉此造福大眾，而宋衛平蓋的房子卻是越來越貴。

杜平說：「他太想把事情做好，做得越好，也就變得越來越高端。」在綠城訪問屋主時，有些老屋主會抱怨說，當時買下的精裝修房子內，由於配套的廚房器具全都是直接進口，一旦發生故障，維修起來頗為麻煩。尤其是時間一久，原先備好配件的物業往往不再有儲備。不過屋主在抱怨後，還會說幾句表示理解的話，然後再加一句：「你們也不容易，宋衛平怎麼說也算個理想主義者。」

宋衛平辯解：「我非常願意造出很多好房子，只要有合理利潤即可，讓很多人都買得起。只要給我便宜的地，一定造便宜的房，還盡可能把品質和無形價值弄好。」

宋衛平最得意的專案之一是杭州桃花源。據稱在開發這個專案時，宋衛平就是按照陶淵明的《桃花源記》來尋找設計靈感。整個社區頗有大隱隱於市之感，驅車從旁邊

路過時，如果不刻意尋找，可能根本不會注意到這個社區的入口。它不像大多數社區藉由高懸的霓虹燈標識來標明自己的存在，只是低調地在一面山石上刻上「桃花源」三字。春夏之時，石上的字還會被綠植遮擋，因此屋主在向訪客描述路徑時，還必須特別提醒客人不要錯過出口。

曾經訪問過桃花源並留宿其中的法國建築師保羅・安德魯（註 123）也對這個地產專案讚不絕口。它更像是將住宅修建在森林中，而不是刻意在住宅區內做綠化。但是桃花源也是公認的昂貴，其中一間中式四合院住宅的價格便超過 1 億元人民幣，單是由一位知名臺灣設計師所做的室內設計與裝修費用就高達 4000 萬人民幣。這間房子倒是幫他們賣出幾套毛坯房（註 124）。

2003 年宋衛平接受訪問時，曾表示他認為房價不會過快上漲，但現在連他自己也要面對房價上漲帶來的問題。宋衛平說：「在我們公司還小、只有 100 ～ 200 人時，我能做到公司員工工作 5 年，人均一間住房。但人越來越多，房子越來越貴，公司分配就出現問題，無法解決員工的住房問題。連我們這樣效益中等的房產公司都解決不了員工的住房問題，所以從這個角度來說，我認為中國住房結構體系應該重新探討並架構。」

如果不算擁有分紅和股權收益的高管，綠城員工的平均年收入為 10 萬人民幣左右。根據宋衛平的計算，一個部門經理以下的員工，工作 15 年，想買一間 27 坪左右的房子，「很痛苦」。「房產開發公司的員工都買不起房子，一定有問題。」而他的建議是「設置一檔房屋專供這個階層的人購買」。

讓宋衛平不平的是，他認為中國住房問題，本來不是房地產商人該考慮的問題，但現在「好像城市住房問題原因出在我們身上」。

宋衛平說：「我認為這是政府制度設計的問題。它可以設置為三部分：保障房系統（註 125）、雙限房系統（註 126）和商品房系統（註 127）。把以往在單一壟斷土地市場中的價高者得制度，變成這樣的結構安排，並透過這個制度結構形成一個階梯。只要其他社會公共資源（例如教育）能做到公平，就能促成低階層人群向高階層的有序流動。有能力及天分的人，如果工作努力，經過 10 ～ 20 年，有機會從保障房搬遷到雙限房；雙限房的住戶，透過經商或其他方式，也可能買得起商品房。」

宋衛平以自己為例來說明這種流動。他剛大學畢業時，曾在 5 坪大的房子住了 5 年，然後才由單位分配一間約 16 坪的房子。在他離開黨校當上班族的歲月，他一樣是住套房，直到成為公司高管後，公司買下一批房，分給他一間兩房一廳的房子。回杭州做綠城時，他租的是一間 18 坪的房子，一直持續到 38 歲那年，他才在自己開發的社區內擁有一套超過 60 坪的房子。

商品房的銷售則可以發揮轉移財富的作用。「住商品房的人收入非常高。我們房產商在營運過程中增值的這一塊，由政府拿走超過一半；土地收益，要看政府地價賣得高不高，有時收益可達 2 ～ 3 倍。所以商品房是一種財富轉移的好方式，還不用再去加稅。」

「世界本來就是不平的，有高山有大海。如果要平，就是在沙漠化的過程中化為死寂，這在物理學裡叫死寂狀態。如果不能讓高等能量繼續高，就是不好的社會。高等能量帶動整體一起往上走才是好社會。

「人類歷史的基本結構就是一部分人先富起來，帶動很多人往上走。改革開放以後，鄧小平理論裡有個非常重要的元素，就是讓一部分人先富起來。如果沒有這一部分人，我們現在可能跟北韓差不多。所以，為了保持帶動作用，希望政府永遠不要去碰這一塊，讓它照在陽光下並且呵護它，因為他們有拉動作用。」宋衛平說。

這種言論很容易被簡單地理解為片面為富人辯護，並招致一片罵聲。而在宋衛平看來，這卻是透過對歷史與哲學的思考，所得出的真知灼見。當然，如果他讀過弗里德里希．海耶克（註 128）的理論，會知道這位奧地利經濟學家也進行過同樣的思考，只是表達略有不同。

不過，宋衛平並非只為富人建房子。綠城是中國最大的保障房代建公司之一，這顯現出他性格中的理想主義。綠城目前所建的商品房面積約為 360 萬坪，簽約的保障房面積則超過 300 萬坪。

「我們收建安費用（註 129）的 3%。例如 2000 塊錢的造價，我們收 60 塊的管理費。3 萬坪左右可以收支平衡，6 萬坪可以有微利。」儘管有地方政府表示願意多給一部分費用，例如 5%，但宋衛平拒絕了。他認為這會導致一些後續的麻煩，於是索性將其視為公益專案，在各項指標上與商品房分開。他能從中得到的好處是：部分工作人員獲得「現房管控」的鍛煉，不會占用公司的資金，或許還能累積良好的政府口碑。

他在公司內部動員參與事業時問：「爺爺一輩以上是農民的人舉手。」舉手的人超過了三分之二，因此他把建保障房稱為「爺爺工程」。「為農民和低收入階層蓋房子，是在為最大量的人造好房子，是行業的榮譽。」他表示：「我寧願商品房出問題，也不願保障房出問題。因為保障房住的都是低收入階層，萬一造得不好，給人家留下話柄，說你賺錢的房子做得很好，不賺錢的房子做得很爛，丟不起這個臉。」他甚至在內部表示，如果在只做商品房和只做保障房之間做選擇，他寧願只做保障房。

宋衛平說：**「現在願意做保障房的房地產企業並不多。但你要稍微引導一下，不要把房產商當作城市或社會的敵人。你說你們也是好人，當然要做點好事，數量就會大大增加。」**他再一次引用松下幸之助的觀點：「企業的天職是替社會和用戶生產出更多更好的產品，賺錢是達到這個任務的必要條件之一。如果再工作 5 年、10 年，我有這個覺悟，可以去做不賺錢的事，期望讓世界變得更美好一點。」

註 123：著名法國建築師，在全球規劃並設計眾多機場。

註 124：又稱初裝修房，中國的新成屋在購買時大多沒有進行裝潢，屋內只有門框沒有門，牆面地面僅做基礎處理而未做表面處理。

註 125：全名為保障性住房，為中國政府對中低收入家庭提供的社會保障性質住房，內容限定供應對象、房屋建設標準、銷售價格以及租金標準等。

註 126：全名為雙限雙競，在限套型、限房價的基礎上再競地價、競房價，選擇滿足條件的開發企業來建房，以解決中等收入家庭住房問題。

註 127：在市場經濟條件下，經過政府有關部門的批准，由房地產開發公司統一設計並批量建造後，自定價格出售的房屋，具有產權證和國土證。一般擁有齊全的配套設施，如供水供電、綠化、停車位等。

註 128：知名經濟學家、政治哲學家，以堅持自由市場資本主義、反對社會主義、凱恩斯主義和集體主義而著稱。

註 129：即建築安裝工程費用，包括人工費、材料費、施工機具使用費、企業管理費、規費、利潤與稅金等 7 項費用要素。

## 單元思考

宋衛平在總結自己的工作狀態時表示：「有些事如果我再努力一些，其實是可以管得更好一些。」現在綠城的困境反而激發他的鬥志。「處於逆境時，除了責任心，還有一種好勝心。逆境時大家日子都不好過，那我們多努力一點，也許可以靠自己的力量做到什麼。當大家都太太平平時，你的存在反而變得不那麼重要。」他回到自己熟悉的競技領域：「有時候這也是一個局，類似牌局或棋局。」這個只是想讓世界變得更美好的人，能否破局而出？沒有人希望他做不到。

NOTE

/ / /

國家圖書館出版品預行編目（CIP）資料

所有人都在問如何在網路上做生意：從淘寶、創新工場、阿里巴巴，為你收集商業菁英開市熱銷所有獨門絕招！／李翔著. -- 新北市：大樂文化，2019.7
224 面；14.8×21 公分. --（UB：47）

ISBN：978-957-8710-30-6（平裝）

1. 職場成功法　2. 行銷策略

494.35　　108010347

UB 047

# 所有人都在問如何在網路上做生意

## 從淘寶、創新工場、阿里巴巴，為你收集商業菁英開市熱銷所有獨門絕招！

作　　者／李　翔
封面設計／蕭壽佳
內頁排版／顏麟驊
責任編輯／林映華
主　　編／皮海屏
發行專員／劉怡安、王薇捷
會計經理／陳碧蘭
發行經理／高世權、呂和儒
總編輯、總經理／蔡連壽

出 版 者／大樂文化有限公司
地址：新北市板橋區文化路一段 268 號 18 樓之1
電話：（02）2258-3656
傳真：（02）2258-3660
詢問購書相關資訊請洽：2258-3656
郵政劃撥帳號／50211045　戶名／大樂文化有限公司

香港發行／豐達出版發行有限公司
地址：香港柴灣永泰道 70 號柴灣工業城 2 期 1805 室
電話：852-2172 6513　傳真：852-2172 4355

法律顧問／第一國際法律事務所余淑杏律師
印　　刷／韋懋實業有限公司

出版日期／2019 年 7 月 25 日
定　　價／260 元（缺頁或損毀的書，請寄回更換）
I S B N　978-957-8710-30-6

優渥叢書